# 高职数学教育理论创新研究

谢卫军 ◎ 著

吉林出版集团股份有限公司
全国百佳图书出版单位

**图书在版编目（CIP）数据**

高职数学教育理论创新研究 / 谢卫军著. -- 长春：
吉林出版集团股份有限公司，2022.9

ISBN 978-7-5731-2347-3

Ⅰ．①高… Ⅱ．①谢… Ⅲ．①高等数学－教育理论－
研究－高等职业教育 Ⅳ．①013

中国版本图书馆CIP数据核字(2022)第182770号

GAOZHI SHUXUE JIAOYU LILUN CHUANGXIN YANJIU

# 高职数学教育理论创新研究

| | | |
|---|---|---|
| 著　　者 | 谢卫军 | |
| 责任编辑 | 田　璐 | |
| 装帧设计 | 朱秋丽 | |
| 出　　版 | 吉林出版集团股份有限公司 | |
| 发　　行 | 吉林出版集团青少年书刊发行有限公司 | |
| 地　　址 | 吉林省长春市福祉大路 5788 号 | |
| 电　　话 | 0431-81629808 | |
| 印　　刷 | 北京银祥印刷有限公司 | |
| 版　　次 | 2022 年 9 月第 1 版 | |
| 印　　次 | 2022 年 9 月第 1 次印刷 | |
| 开　　本 | 787 mm × 1092 mm　　1/16 | |
| 印　　张 | 10.25 | |
| 字　　数 | 223千字 | |
| 书　　号 | ISBN 978-7-5731-2347-3 | |
| 定　　价 | 65.00元 | |

# 前　言

　　数学是高职的一门重要基础课程，既要为学生的专业学习提供必需的基本概念、基本理论及解决问题的方法，提高学生分析问题和应用数学知识解决实际问题的能力，又要为学生综合素养的提高及可持续发展提供必要的条件。如今大多数学课堂仍然沿用传统的讲授教学模式，老师在课堂上占主导地位，学生不能积极参与课堂教学活动，学生的主体地位没有发挥出来。教学内容的选取侧重于理论知识的系统性和完整性，主要选取定理证明公式计算，没有与专业知识和专业问题融合，不能使高职数学更好地服务于专业培养目标。高职数学教育最终应该落实到培养学生的能力和素质上，要从教学内容、教学方法等多个方面进行改革和创新，才能使高职教育中的数学教学得到长远发展，发挥应有的作用。

　　本书立足于高职数学教育理论的创新，首先介绍了数学教育学的基本理论、高职数学教育理论、高职数学教育理念，然后分析了高职数学教学设计和教育模式，之后探讨了高职高等数学的基本理论、高职高等数学的信息化、高职高等数学课程，最后对高职学生数学能力的培养以及高职数学教育的应用进行了研究和总结。

　　本书在撰写的过程中，吸收了部分专家、学者的研究成果和著述内容，在此表示衷心感谢。由于笔者水平有限难免会有缺点和错误，悬请广大读者批评指正。

# 目　录

# 第一章 数学教育学的基本理论

## 第一节 数学教育学的基本特点

数学教育是一种社会文化现象，其中有许许多多的奥秘需要人们去研究，这便使数学教育学应运而生。从事数学教育研究，既要通晓数学，又要研究教育，但它又绝非教育学原理加数学例子。数学教育学是综合数学、教育学、心理学、哲学、文化学、思维科学、系统科学、信息技术学等多门学科的交叉科学，它具有综合性、实践性、科学性、教育性等基本特点。

### 一、综合性

从学科结构上看，数学教育学是与数学、哲学、教育学、心理学、逻辑学、信息技术学等学科相关联的一门综合性学科。数学是数学教育的具体教育内容，因而研究数学教育必须要有一定的数学修养，而且数学的造诣越高，越容易掌握数学内部的精髓。数学教育学要研究数学课程的结构、教学原则、教学方法、学生学习以至于教学全过程，必须立足于数学专业知识和教育理论。

教学过程是一个积极的心理活动过程，因而又必须用到心理学的理论。学生是数学教育的对象，学生学习数学的过程是一个特殊的认知过程，因此，数学教育必须研究其中的认知规律。事实上，数学学习的心理过程研究应该作为数学教育学的基本立足点，因为学生学习的数学知识是人类建构出来的，而这一过程需要学生重新建构，这实际上是一种认知过程。只有将数学学习过程中的某些问题研究清楚了，相应的其他问题才有可能展开研究，因此认知科学是数学教育学的理论基础。

数学教育涉及许多领域，可以从不同的角度进行研究，而数学教育哲学则是统领这一切的。数学教育哲学从哲学的高度反思数学教育实践中的种种具体现象，并用相关的理论指导教学实践。所有的数学教学法都建立在一定的数学哲学之上，所以，数学教育学与哲学也密切相关。

此外，数学教育必须借鉴过去的经验教训，因而又要借助于数学史特别是数学教育史；数学教学与思维密切相关，因此数学教育研究与思维科学不可分割，而思维科学发展最深的是逻辑学，数学教学又显然与逻辑学有密切关系；数学教育中具体的教和学的活动，又需要有技术做支撑，尤其是现代信息技术将从根本上提高了数学教育的有效性，因此现代数学教育研究离不开现代教育技术；人们普遍认识到数学教学既是一门科学，又是一门艺术，数学理论本身以及数学教育中都有极为丰富的美学问题需要探讨。今天的数学教育理论中，若不包括对美学的研究则是不完备的。数学教育学的综合性表现在要吸收和利用众多相关学科的理论、原理和方法，而不是随意地拼凑或简单组合就能推动数学教育学的发展。

## 二、实践性

教学是一种实践活动，这就决定了数学教育学是一门实践性很强的理论学科。数学教育学所要研究的诸多问题，从课程教材到教学方法，从教学规律和学习规律到评价，无一例外地都离不开教育教学实践。教学实践既是数学教育学研究的出发点，也是归宿。

一方面，数学教育学要以广泛的实践经验为背景，数学教育实践是数学教育学的根基。教育科学原理渊源于对长期教育实践经验的总结，离开了实践，数学教育就成了无源之水，无本之木。数学教育理论需要在实践中总结、验证、完善；同时，数学教育学所要研究的问题也来自实践，通过对实践中提出来的大量有价值的问题进行研究，并不断推动着数学教育研究向前发展。此外，数学教育学还需要以实验为基础。课程教材的改革、新教学方法的使用，都必须进行试验验证、修订，再加以推广。"新数运动"由于受潮流的推动，未经实验就广泛铺开，缺乏实验依据，结果必遭挫折。这一历史的教训再次表明了数学教育研究必须立足于实践。

另一方面，数学教育学要指导实践，服务于实践，并能通过实践来检验所形成的理论。数学教育学对现实的指导性，正是数学教育学研究的根本目的。"新数运动"是一次全球性变革数学教育的实践活动，在当时教育理论依据不足的情况下，仅依靠热情和良好愿望来进行，带有较大的盲目性。这也说明，必须要分析研究实际问题，并使理论真正成为符合实际情况的有效的指导原则。

## 三、科学性

科学性是任何一门科学最基本的特点。当然也是数学教育学的基本特点之一。尽管教育科学的原理渊源于对长期教育实践的总结，但它毕竟不是实践经验，而是经过了科学的提炼和升华，达到了认识的理性化。数学教育学的科学性表现在：依据数学科学的特点，揭示其与教育学、心理学之间的内在联系，以寻求数学科学与教育、心理等科学在教育过程中的最佳结合，使之达到教学规律与数学学科特点的高度统一。

以教育学、心理学作为理论基础的数学教育学，不可避免地含有相关的内容，以体现教育科学的共同特征。它从自身的研究对象出发，以其独特的方法将教育学原理融汇到数学教育与教学中去，总结出自身的规律，指导数学教育实践。

数学教育学的科学性与其他科学的区别是，教育或教学的出发点是人，学习者身心发展的年龄特征制约着教学内容和教学方法。儿童身心发展的规律构成学习者学习的"序"，数学科学内在的体系、结构构成知识的"序"，使知识的逻辑顺序与学习者的心理顺序达到和谐统一，这便是数学教育科学性的一个反映。

## 四、教育性

人是教育的对象，这就从根本上决定了数学教育学的教育性。这一特点表现在数学教育学中，应突出体现人才培养这一总体要求。数学课程论、数学学习论、数学教学论等各方面的研究，都要在数学教育思想、教育目标下进行，充分体现在知识、技能、能力、态度、个性品质等方面的要求上。特别是能力、态度、个性品质等不是知识教育的自然结果，而是有意识培养的结果。这就要求我们对课程安排、教材编写、教学设计、学习指导等各个环节做认真研究，以达到育人的最佳效果。

# 第二节　数学教育学的研究对象

广义地说，数学教育学研究的对象是与数学教育有关的一切问题，可以概括为以下四个层面：

## 一、数学教育的哲学层面

这是关于数学和数学教育的认识论与价值观的研究，如数学是什么、数学基础、数学的特点和性质、数学与现实世界、数学教学与学习的性质、数学教育思想、教师的数学观与其教学实践的关系等。

## 二、数学教育的历史、社会与文化层面

这实际上是关于数学教育的社会文化研究，如数学教育的历史、数学社会维度、民族数学及其教育含义、数学课程发展的社会动力、各国文化与数学教育、跨文化的数学教育研究、数学教育的比较研究、数学教育的未来等。

## 三、数学学习和教学层面

这是关于数学学习规律与教学规律的研究，如学习心理学的主要理论及其对数学学习的意义、数学基础知识和基本技能的学习研究、数学思维结构与培养、数学能力及其培养、数学教学的组织形式、数学教学方法的选择与使用、现代化教学技术手段的使用、多媒体的利用及其课件制作等。

## 四、课程与评估层面

其主要研究数学课程体系、本国数学课程的发展、世界范围内数学课程的发展、国内现行数学课程的分析、数学课程与数学的历史发展、特殊需要与不同层次的数学课程设计、数学学习的评估等。

这些层面的研究是立体的，相互之间具有牵制的互动作用，因此，数学教育学的研究对象是一个由以上四个层面构成的"四面体"。

数学教育学研究的众多问题中，教学过程应当是核心问题，围绕这一核心问题进行研究就必须重点考虑课程论、学习论和教学论。因此，狭义地说，从学校教学过程出发，数学教育学研究的对象为数学课程论、数学学习论和数学教学论。

数学课程论所要研究的问题有教学内容问题，即要解决教什么内容、为什么教这些内容、如何教这些内容等问题；数学课程的发展问题，即了解课程发展的历史，揭示数学课程演变的规律，研究数学课程的未来；对数学课程的评价问题，即通过对过去和现在的数学课程中的经验与教训、成功与失败的反思，对数学课程做出一个合理的判断。

数学教学论主要研究的是教学目的、教学内容、教学原则、教学组织形式、教学技术手段、教学方法和教学效果的检查与评价等，即以教学职能为中心的数学教学研究。

数学学习论主要是揭示学生数学学习的心理规律，研究学习过程理论及其对数学学习的指导意义，知识的获得与应用，技能的形成，数学能力的培养，数学问题的解决，创新精神与实践能力的培养，认知结构与认知发展、动机、兴趣及个性心理品质对数学学习的影响等。

四层面式的"四面体"和"三论"式的"三角形"两种描述，是对数学教育研究对象广义的和狭义的两种不同的理解。作为高职院校专业课程的数学教育学，旨在培养学生的数学教育理论功底和教学技能，将其研究对象确定为数学课程论、数学教学论、数学学习论是比较合理的。本书内容主要是以这"三论"为对象而展开叙述的。

# 第三节  数学教育学的研究方法

数学教育学有自身的基本特点和研究对象，针对其基本特点和研究对象，研究数学教育现象，探索数学教育规律，必然要采用一定的方法，即数学教育学的研究方法。一般地说，数学教育学的研究方法有观察法、文献法、调查法、实验法、教育经验总结法、统计法、比较法、分析法、案例研究法等。现就其中几种主要的研究方法介绍如下：

## 一、观察法

观察法是研究人员收集经验事实的一种最基本、最常用的方法。观察法就是研究者凭借自身感觉器官和辅助工具，在不施加控制的自然条件下，有目的、有计划地对教育现象进行考察的方法。观察法操作简单，应用方便，它是数学教育研究的一种基本方法。根据观察时研究者是否借助仪器，可将观察法分为直接观察法和间接观察法。单凭研究人员自身的感官进行的观察即是直接观察法，借助仪器进行的观察就是间接观察法。按观察者是否参与观察对象的活动，又可将观察法分为非参与性观察与参与性观察。不介入观察对象正常活动的观察称为非参与性观察，研究者通过参加观察对象的活动而达到观察目的的方法称为参与性观察。

观察法的特点是：1. 观察的目的性和计划性。作为一种科学研究方法，观察法与日常生活中自发的、偶然的、随意的观察的区别之处就是要求研究者预先制订观察计划，明确观察目的，按观察计划进行系统的观察，以便深入分析和研究，从而掌握真实情况。2. 观察对象的自然性与客观性。观察对象不受人为控制，研究者只能遵从现象的自然发生与发展，而不能加以控制，其活动是真实、自然的。3. 资料收集的直接性和资料本身的客观性。运用观察法时，研究者必须身临其境直接获取资料，以便排除研究的主观成分。

观察法的一般工作程序为：

前期准备→实施观察并做现场记录→整理资料→分析研究→撰写报告。

## 二、调查法

调查法是间接搜集有关研究对象的现状及其历史材料，从而认识事物的本质及其发展规律的方法。它是通过对教育现象的主观目的性、偶然性、复杂性和模糊性的分析，认识教育现象的客观性、必然性、规律性和确定性，揭示教育现象的本质及其发展规律。调查的方法有访谈调查法和问卷调查法，调查的类型有普遍调查、典型调查、抽样调查等。

调查法的特点是适用范围广，在时间、空间上都有非限制性，不受时间和空间因素的制约，调查手段灵活多样，可以选择访问、座谈、问卷、测验等方法，也可以借助现代化信息技术手段搜集各种信息资料。同时，调查法是在自然状态下进行的，因而获得的资料较为翔实。

调查法的一般工作程序是：

前期准备→实际调查并收集资料→整理资料→分析研究→撰写报告。

## 三、实验法

17世纪初期，英国思想家弗朗西斯·培根（Francis Bacon）和意大利科学家伽利略

（Galileo）分别从思想上和行动上确立了实验在近代科学发展中的主导地位。从此以后，实验法就逐渐被所有的自然科学家所采用，成为一切自然科学的最基本最主要的研究方法，并且不断向社会科学领域扩展。1879 年德国心理学家冯特（W.Wundt）在莱比锡建立了世界上第一个心理学实验室，标志着心理学开始走上了科学的轨道。不久，德国心理学家莫伊曼（E.Meumann）等人把实验方法引进了教育研究领域之中，经过百年来的不断应用和发展，当今已经成为教育科学研究中的一种重要方法。

数学教育实验是指人们在数学教育研究活动中，以一定的理论意向为基础，根据研究的目的，有计划地控制数学教育现象的发生发展过程，并就所得结果进行解释，用以揭示数学教育规律的一种研究方法。为了验证教育实验目标，需要给对象造成一个人为的环境，引入可控制的变量，进行系统观察，最后对实验信息进行科学的分析与评价。由此看来，数学教育实验与一般的科学实验一样，应具有理论假设、条件控制和可重复验证的基本特征。

理论假设是对数学教育事实或现象之间的关系所做的推测性假定，实验的目的就是要验证这种推测性假定的正确性。在理论假设的引导下，有目的、有预见地操作实验条件，进行教育变革。条件控制是实验法区别于其他任何方法最显著的特征，它的意义是实验者根据实验研究的目的和任务，人为地创设和突出实验因子，从检验假说的需要出发，适度控制实验条件，尽量排除无关因子的干扰，以确保实验结果的产生或变化是实验因子的作用。系统而成功的条件控制，才能科学地解释实验因子与实验结果的内在关系。"可重复验证"也是实验法的一个基本条件，因为任何实验所揭示的客观规律应该是可重复验证的，即不同的研究者在相同的实验情境下能得到相同的结果；否则，该实验结果的可靠性自然会令人怀疑。这三方面的特征也是数学教育实验的基本要求。

教育实验中的变量有三种：一是自变量，是由实验者操纵的、假定的原因变量；二是因变量，是一种假定的结果变量，它是实验变量作用于实验对象之后所出现的效果；三是无关变量，指那些不是实验所要研究的、与自变量和因变量关系不大的其他变量。

实验法的过程一般包括以下五个方面：1. 提出实验课题和实验假设；2. 确定实验样本；3. 控制实验变量；4. 分析实验资料；5. 评价实验结果，写出实验报告。

## 四、教育经验总结法

数学教育学是一门实践性很强的理论学科，其理论必须来源于实践，所以，教育经验总结是一种重要的教育科学研究方法。古今中外有意义的教育原理都是经验的总结。达•芬奇说："我们在种种场合和种种情况下，只有向经验求教，才可以从那里引入一般的规律。"我们可以把点点滴滴的经验加以汇集整理，使其条理化，再进行分析概括，使其规律化。所以，总结教育经验是十分重要的一种研究方法。总结经验的基本要求是：1. 总结经验必须以事实为根据，但不能只摆事实，就事论事。就事论事性的经验不能说不是经验，但这种经验属于初级的、低层次的，价值较小。如果能总结出带规律性的东西，经验的层次就提高了，其价值自然也就大了。2.总结经验必须遵循科学研究的基本原则，分析、综合、提炼和概括都要有充足的依据，不能以点带面，以偏概全。

教育经验总结法的一般步骤为：1.制订经验总结的计划；2.收集具体事例；3.分析研究与综合；4.组织论证；5.总结研究成果，写出总结报告。

# 第四节 数学教育改革的趋势

## 一、数学的发展趋势及其新的特点

纵观数学的历史发展，可以清楚地划分为初等数学、高等数学和现代数学三个阶段。从古代到 17 世纪初为初等数学阶段，从 17 世纪初到 19 世纪末为高等数学阶段，从 19 世纪末开始，数学的发展进入了现代数学阶段，现代数学呈现出了一些过去所没有的新特点。

按照传统的、经典的说法，数学是研究数量关系和空间形式的科学。简言之，其是研究数和形的科学。然而作为数学研究对象的数和形，在三个阶段里是很不相同的，由此可概观数学的发展趋势及其特点。在初等数学阶段，数是常量，形是孤立的、简单的几何形体。初等数学分别研究常量间的代数运算和几何形体内部以及相互间的对应关系，形成了代数和几何两大领域。代数和几何中的数量都是常量，因而也称之为常量数学。

17 世纪产生了高等数学，数学发展进入了高等数学时期，或叫近代数学时期。在高等数学阶段，数是变量，形是曲线和曲面，高等数学研究它们之间的各种函数关系和变换关系，这时数和形开始紧密联系起来。由于发源于微积分的数学分析的兴起和发展，使数学分为代数、几何、分析三大领域。这一阶段也称为变量数学时期。

现代数学时期以康托建立集合论为起点。19 世纪末数学知识急剧膨胀，进入 20 世纪后，数学便逐步形成了系列学科分支，如泛函分析、点集拓扑、近世代数所谓的新三高，即是在 20 世纪上半叶陆续形成的。尤其是应用数学发展迅猛，以计算机的发明为转折点，从计算机科学、信息论、控制论、系统论、对策论、线性规划、规范场到数理统计学的诞生，都极大地影响着科技、社会和人们的日常生活。与此同时，经济数学、生物数学等数学应用领域也都取得了巨大的成就。20 世纪以后，用公理化体系和结构观念来统观数学，成为这一阶段的明显标志。现代数学的研究对象是一般的集合、各种空间和流形，它们都能用集合和映射的概念统一起来，很难区分哪个属于数的范畴，哪个属于形的范畴了。

现代数学有如下一些特点：

### （一）公理化、结构化、统一化

自 1899 年希尔伯特倡导现代公理化方法以来，数学家努力为各个数学分支建立公理体系。尽管数学领域日益扩大，但人们坚信数学科学是一个不可分割的有机整体。形成于20世纪30年代的法国数学团体布尔巴基学派，提出用"结构"的观点统一数学，他们认为"数学，至少纯粹数学是研究抽象结构的理论"。这一观点对现代数学的发展有着深刻的影响。

"数学结构"是指由遵从一些公理的集合和映射所组成的系统。布尔巴基学派提出了数学中的三种基本结构，即序结构、代数结构和拓扑结构，后来数学家认为测度结构也是一种基本结构。对这些基本结构做交错复合，可衍生出许许多多不同的数学结构。按照结构分析来划分和概括数学各分支的研究领域，不但使数学形成统一的整体，而且能清楚地看出各个不同分支间的相互联系。

### （二）泛函性

数学中不同分支和不同领域间的相互结合和渗透，使得现代数学完全改变了经典数学中代数、几何、分析三足鼎立的局面。代数方法注重公理体系结构，几何方法富有几何直观性，分析方法则以精细的分析见长，现代数学则把三者结合起来，综合运用代数、几何和分析的研究方法。"泛函分析"作为现代数学的基础之一和主要研究领域之一，它充分地显示了这三种方法的综合运用。泛函分析学的特点是研究函数空间或称作抽象空间，这本身就是对经典数学的一大突破，是现代数学的一大特色，泛函性反映了现代数学的一种新思想、新观点。

### （三）抽象性

抽象性是数学的一个最基本、最显著的特点，在初等数学研究一般的数和形中就已明显地体现出来了，而现代数学则更加充分地体现着这一特点。现代数学的研究对象、研究内容和研究方法都呈现出高度的抽象和统一。

通过抽象的数学模型，对高一层次的对象加以研究，从而把原来许多不同的对象统一起来，以求得共同的内在规律。抽象和统一是一个完整概念的两个方面，为了统一必须抽象，有了抽象就能统一。在以前的数学发展中，抽象的进度是比较缓慢的，只是在对原来层次的研究已充分详尽而在客观上又实在必要时，才进入更高层次的研究。现代数学的发展状况完全不是这样，抽象的速度大大加快了。"现代数学的特点之一，就是当一种新的数学对象刚刚定义和讨论不多时，就立即考查全体这样对象的集合。"向高一层次做抽象正是研究原来层次对象的一个重要方法。现代数学的抽象化程度越来越高。

### （四）应用性

现代数学更高的抽象性使其内容和方法日趋综合和统一，因而数学的应用也越来越广泛了，数学已不再只有物理和工程两大基本用户了。在现代科学技术的各个领域和一些社会科学领域中，都需要运用数学这一基本工具。尤其突出的是，数学在生物科学各分支中的成功应用，数学生物学已成为应用数学最振奋人心的前沿之一。正是数学帮助人们把生物学的研究推到了解生命和智力这样的新前沿。

电子计算机的出现是数学发展的一个转折点，它从两个方面冲击、影响和促进着现代数学的发展。一方面，计算机给数学理论研究提出了新课题，提供了新方法，从而改变着数学科学本身的特点和面貌，如证明四色定理这样的理论难题，正是借助于计算机得以解决的。另一方面，计算机使数学比以往任何时候都更具有威力和渗透力，不但极大地扩展了数学的应用范围，还改变了数学应用的实践方式。比如天文学中超新星的爆发过程、地学中的地壳运动，都难以在实验室里进行实验，但可以用计算机通过数学模型来模拟，从而对各种理论的解释进行检验。又如工程技术中的一些新设计，也可用计算机模型来预测其新性能，从而得知应该怎样改进和优化。因此，人们认为，科学研究除了传统的理论工作和实验工作外，还出现了"计算机实验"或"数学实验"。

20 世纪 90 年代以来，"高技术本质上是一种数学技术"的观点已得到人们的普遍认同，这一观点道出了高技术与数学的内在联系。高技术的研究离不开计算机，而有效地运用计算机则离不开对现代数学问题的研究。有些科学家明确地认为：现代科学技术的巨大发展主要是由于数学的现代发展，使数学在自然科学和社会科学中的纵横渗透。运用数学方法定量决策，也成为当今决策和管理科学的主流。

随着数学的广泛应用，社会的数字化程度正在日益提高。不仅初等数学的语言和高等数学的语言正在越来越多地渗透到现代社会生活的各个方面和各种信息系统中，而且诸如算子、泛函、空间、拓扑、张量、流形等现代数学概念已大量地出现在科学技术文献中，日渐成为现代的科学语言。

## 二、数学教育改革的创新发展与未来趋势

数学教育是一种社会文化现象，其社会性决定了数学教育要与时俱进，不断创新。数学教育中的教育目标、教育内容、教育技术等一系列问题都会随着社会的进步而不断变革与发展。数学教育改革的背景，至少有来自九个方面的考虑：数学知识、社会关系、家庭压力、国际潮流、考试改革、科教兴国、深化素质教育、普及义务教育、科技进步。

20 世纪 90 年代以来，人们普遍认识到，科学技术的迅猛发展，特别是计算机的应用及信息科学中广泛地使用数学方法，使数学与其他学科及技术的结合更为紧密，数学的使用价值大幅度提高，而数学教育现状却难以适应时代发展的要求，在教学思想、内容、方法、教学理论等方面迫切需要改革，以提高数学教学的质量，培养现代化社会所需要的新型人才。21 世纪的今天，数学教育实践活动在一个更为广阔的时代背景下展开，数学教育改革已经是一股不可阻挡的国际潮流。在此，我们不打算过多地讨论改革的背景，只就数学教育改革的趋势做如下几个方面的概括叙述：

### （一）树立以培养创新精神和实践能力为核心目标的素质教育新理念

长期以来，我国的数学教育是以应试教育为中心，它严重地困扰和束缚了我国数学教育的发展。在应试教育下，形成了"学数学就是为了升学考试"这一指导思想下的一种违

反数学教学规律的"病态"的教学体系和实践方法，如"满堂灌"、题海战术、刻板的"类型＋模仿"式的强化训练。这种教学模式只注重数学知识、技能的传授，而忽视了数学知识建立的过程与学科特点，没能建立起适合学生学习的数学教育体系，或者说没能找到数学知识背后心理结构的建构特点与规律，而是按数学知识的系统性来编排教学体系，使知识脱离了生活实际，学生不会运用数学知识去理解自己周围的世界，解决生活中遇到的问题。相应的教学方法也只会是"传递式"，学习模式也只会是"背诵＋练习"。这实质上是一种"学答"模式，为了学会答题，背诵和大量的模仿练习也就成为自然合理和最为有效的学习方法，并且"学答"的问题大多来自书本，与实际问题联系不起来，无须太多的创造性发挥。可见，应试教育下数学教育的致命缺陷是缺乏动手操作与实际应用能力，或者说传统教育是一种不注重培养学生创新能力的教育。

然而，国家的繁荣、民族的昌盛、社会的一切发展与进步都需要创新。素质教育的目的是全面贯彻党的教育方针，提高国民素质，培养学生的创新精神和实践能力。创新是教育的灵魂，培养创新精神和实践能力是素质教育的核心目标。因此，转变教育观念，重视创新教育，已成为当前我国教育改革中刻不容缓的重要任务。全面推进素质教育，必须树立以培养学生创新精神和实践能力为重点的数学教育新理念。

## （二）教学内容的有效整合

数学教育改革必须从根本上打破以应试学科为中心的课程构架，建立以促进学生全面发展为本的、以学科知识体系与人的认知结构的全面整合为中心的课程体系。传统的数学课程结构机械单一，内容偏深、偏窄，学科知识分化过细，并且较多重视课堂内书本知识的学习，门类过多和缺乏整合，而忽视学生课外数学意识和能力的培养以及良好个性品质的形成。课程改革应从学生的学习和生活出发，从根本上改变单纯以学科知识体系为本的构架，而转化为符合人的认知规律的、以人的发展为本的综合性数学课程，充分实现学生认知经验、数学知识与社会发展需求的有机整合，使数学课程结构具有均衡性、普及性、综合性、选择性、发展性和开放性。

课程的整合要以综合性学习为基础，以教学内容的社会适应性、学生的综合实践活动为主线，借助现代教育技术，设计基于多媒体手段的全新课件组合，加强学科内部和各学科知识之间的综合学习，灵活变通，互相渗透，相互为用。突出课程内容与学生生活以及现代社会、科技发展的联系，关注学生的学习兴趣和经验，精选包括信息技术在内的终身学习所必备的基础知识和技能。此外，这种整合除了强调知识之间、学科之间的综合外，还有在能力、情感、意志、品质等方面的综合，强调形成积极主动的学习态度，使获得知识的过程成为学生学会学习和形成正确价值观的过程。

学生在各个阶段都会产生身体和心理的变化，这些变化的各方面都会影响学生的学习，数学教学设计必须要适应学生的年龄特征，适应他们的认知发展水平。教师不仅要分析学生各阶段产生的变化，就一个班级来说，教师还要时时刻刻注意班级的动态，整个班级的风气、学习氛围等方面。不但要分析整个班级，还要细致到个人，教育者要了解到班级的每一名学生的发展情况，并逐一进行分析。分析学生所学的内容，进行学习内容的分析才能明确教师该教什么，如何教；学生该学什么，如何学，才能连贯各个部分的教学内容，为教学活动的安排做好铺垫。学习内容的背景分析。在数学教学中要向学生讲清楚知识的来龙去脉，就要分析数学知识的发生与发展过程，分析数学知识之间或者与其他学科的联系，分析数学知识在日常生活中的运用，还要分析数学知识在后续学习中的地位和作用以及数学知识中蕴含的数学思想方法。对知识背景的分析不仅丰富了知识本身，也大大提高了学生的学习兴趣。学习内容的结构分析。对学习内容的层次进行分析和划分能够让教学活动有条理地发展下去。教师要运用已有的知识水平、认识能力，以及把握和分析数学教材的能力，理清数学知识之间的内在逻辑结构关系。学习内容的范围分析。对于学习内容的分析要从学习内容的广度和深度两个方面进行。数学知识点的数量大，学生消化不了，所以知识点的数量安排要依据学生的学习情况而做改动。数学知识点难度不均，不同学生在知识点的学习上把握也不同，教师要把握好每位学生的知识认知水平，及时调整。

## （三）学习方式的变革

学生数学学习方式的变革是数学教育最具有实质性意义的改革方向之一。良好的学习活动应当在四条线索中进行，即学习者与自然的关系、学习者与他人和社会的关系、学习者与文化的关系、学习者与自我的关系，具体表现为以下四种学习模式：

1. 基于"资源"的学习模式

从基于教科书的学习到基于"资源"的学习，这是一个重要的变化。在该模式中，教师呈现给学生的是众多丰富的相关信息，在查找过程中，通过阅读、观察等方式，感受、筛选、评价、组织、表达信息，对资料和数据的质量、可信度做出判断。其中的推理不但是逻辑演绎，而且与利用手头资料、数据更加有关。

2. 基于任务和问题的探究型学习模式

有效的数学学习活动不能单纯地依赖模仿与记忆，学习不但是听讲，而且基于研究、发现或实验。动手实践、自主探索与合作交流是学生学习数学的重要方式。探究型学习模式中，教师呈现给学生的是一个问题、多个问题或需要予以解决的疑难情境；教师对问题不给予直接的答案，学生根据问题有目的地动手实践、自主探究、分析信息，同教师或其他同学进行交流、讨论、最终解决问题。在这一过程中，教师的任务主要是将资源转化为学生个体的知识，帮助学生从访问资源到吸收信息，促进学生建构自己的知识。

3. 基于协作的学习模式

这种学习模式，注重学生与教师、专家、学者及学生与学生之间的互相协作关系，有助于实现高级认知技能、人际交往技能以及情感态度的形成。合作的意识和能力，是现代人所应具备的基本素质。协作学习模式将会创设有利于人际沟通与合作的教育环境，使学生学会交流和分享研究的信息、创意及成果，发展乐于合作的团队精神。

4.基于个性化的学习模式

有意义的数学学习必须建立在学生的主观愿望和知识经验的基础之上，同时学生所处的文化环境、家庭背景和自身思维方式制约着数学学习的结果，由此而产生的差异将导致不同的学生表现出不同的数学学习倾向。因此，应当充分考虑学生的个性差异和不同兴趣，给学生创造一个选择的机会。

## （四）教育的个性化、多样化与弹性化

数学是基础教育中不可缺少的重要学科之一，数学教育应突出体现普及性、基础性和发展性，使数学教育面向全体学生，实现"人人学有价值的数学，人人都能获得必需的数学，不同的人在数学上得到不同的发展"。

我国传统的数学课程及数学教学历来是机械单一，千篇一律，过于模式化，缺乏适应性。事实上，不同的地区、学校、学生之间存在着较大的差异，针对这些差异，课程教材及其教学实施就应具有一定的弹性，供他们选择。模式化不利于人才培养。全面发展不等于要平均发展，教育的真正价值在于促进人的个性发展。因此，为了满足不同地区经济、文化发展的差异性和学生多样化发展的需要，数学教育必须充分体现适应性和针对性，设计具有一定弹性的数学课程，包括必学内容和选学内容。学生人人都有自己的"数学现实"，要让学生学会适合于他的"现实"的数学知识，一方面就是要让他学会把"现实"问题"数学化"，另一方面就是要根据学生的"数学现实"来进行数学教育，这是十分重要的。学生的知识基础、数学水平、生活经验等都是教师面对的"现实"，学生的数学学习内容应当是现实的、有趣的、富有挑战性的，学习内容必须有利于学生主动地从事观察、实验、猜测、验证、推理、交流与解决问题等活动。内容的呈现应当根据各学段学生不同的知识背景和不同的认知发展水平，采取不同的表达方式，以满足多样化的学习需求。

## （五）信息技术与教育技术的整合

目前，以计算机和互联网为代表的信息技术，正以惊人的速度改变着人们的生存方式和学习方式。适应数字化生存的新环境，正在成为每个公民必须具备的基本生存能力，而计算机发展到多媒体阶段是一次质的飞跃。今天的计算机不仅用于处理数学、逻辑运算和有限度地处理文字，还增加了处理声音、图像、影视、三维、动画等功能，几乎能与人的所有感官交流对话。当计算机应用扩展到社会的各个领域之后，数字与数值计算同社会生活各方面的联系与转化，使整个社会生活越来越"数字化"。这时，数学教育与其他学科以及日常生活的结合势在必行。

现代信息技术的发展将对数学教育的价值、目标、内容以及学习方式和教育方式产生重大影响，这就要求将信息技术应用与教育观念的更新结合起来，应用信息技术带动课程体系、教育内容和教育方法手段的全面改革，努力实现信息技术教育与数学教育技术的整合。数学课程要重视运用现代技术手段，特别是要充分考虑计算机（计算器）对数学学习的影响，把现代技术作为学生学习数学和解决问题的强有力工具，使学生从大量繁杂、重

复的运算中解脱出来，将更多的精力投入到现实的、探索性的数学活动中去，应用信息技术培养他们的创新精神和实践能力。

## （六）数学教学模式的变化

教师不再是知识的传授者，而是学生学习活动的组织者和促进者。在教学目标和教学内容确定之后，教学方法就成为提高教学质量的关键因素。先进的教育思想和良好的课程教材，要依靠教师的教学得到具体实现，因而，教师的教学方法模式就显得尤为重要。而我国传统的数学教学模式，历来是"教师讲—学生听和记""教师示范例题—学生模仿练习"的单向信息传递模式，这种教学模式严重地影响着学生创新能力的培养。

现代数学教学论强调建立"师生共作"的交互式的教学理念，数学教学应当从学生的生活经验和已有的知识背景出发，向他们提供充分地从事数学活动和交流的机会，帮助他们在自主探索的过程中真正理解和掌握基本的数学知识、技能、数学思想和方法，同时获得广泛的数学活动经验。教师是学生数学建构活动的深思远虑的设计者，应当成为学生学习活动的组织者、参与者、促进者，并非知识的传授者，即教师通过深入了解学生真实的思维活动和认知基础，根据学生现有的知识状况，来设计如何进行教学，如何调动学生的学习积极性与主动性，并为学生的学习活动创设良好的学习氛围。

# 第二章 高职数学教育理论

## 第一节 高职数学教育的现状

新的教学改革正在不断推行，落后的教学方式注定要被各个高校所遗弃。许多职高紧跟社会教育发展的步伐，在各个学科的教学方式上都做出了相应的调整，其中数学作为相当重要的一门科目，它的改变也是至关重要的。为了解开传统教学模式对学生思维的禁锢，各职高正在努力寻求新的教学模式。学校致力于在课堂教学实践中找寻一种既新颖又可行的理念，激发学生对数学学习的积极性，提高听课效率和活跃课堂氛围，促进课堂教学的顺利进行。职高的许多学生数学基础不扎实，甚至对学习数学有抵触心理，因此，老师需要对传统的教学方式做出改进，帮助学生克服学习数学的障碍，最终实现职高学生数学水平的提升，推动职高数学教育快速稳步发展。

一、新课程改革高职数学教育的现状分析

### （一）教学方法单一传统

尽管新课程改革正在火爆进行中，但是有很多省市在政策的落实方面还是存在问题。很多落后的地区并没有真正地实施改革，而是继续沿用传统的单一的教学模式，即教师站在讲台上讲着自己备好的课，忽视了与学生之间的交流与互动，学生依然是被动的接受者，长此以往，学生会逐渐丧失对学习数学的兴趣，无法调动起积极性。职高大多数学生的数学基础原本就不如普通高中的学生，再加上无法与教师产生长期有效地互动，对学习数学一定会丧失信心，这样就严重阻碍了职高数学平均水平的提升。对于教师来说，他们从小就开始接受单一传统的教育，在之前的几年甚至几十年的时间里都是采取一成不变的教学方式，以至于很难真正理解并将课程改革落足于实际教学。学生无法真正成为学习的主动者，这对职高数学教育的发展来说是一个绊脚石。

### （二）教学脱离实际

数学是一门抽象的学科，许多高职学生无法领会其中的奥妙。有些老师在教学的过程中没有意识到将数学知识与生活实际相联合的重要性，只是一味地照着参考答案解题讲题，以至于教学效果不尽如人意，学生无法产生努力学习数学的动力。

### （三）学生自身因素

很多高职学生认为自己基础薄弱无法弥补，逐渐失去了学数学的自信和积极性，再加上缺乏老师的正确引领与指导，落后的学生很难赶上基础相对好的学生。学习本就是以学生为主的事情，如果连学生自己都觉得不可能提高了，不求上进，这将直接影响学生的学习成果，对班级学习氛围是十分不利的，同时也不利于教学的进展和教育质量的提升。

## 二、高职数学教育创新的具体方法

### （一）实施多元化的教学方式

为了有效地提高职高学生的数学能力，最大限度地达到预期的教学目标，高职教师在教学时应该努力实现教学方式的多元化。当前的大部分职业高中教室都配有投影仪，教师应充分利用多媒体的便利，将教学中所需要的视频、图片等投影出来，这样做不仅能帮助学生调动好奇心与积极性，而且能帮助他们加深理解。例如，这节课要讲一道应用题，教师可以将题目的图片和重要要求放在 PPT 上，再在网上寻找相关的原理视频给学生播放，让学生了解这道应用题背后的深刻内涵。数学一旦与实际结合，就会容易理解得多，这样既帮助了学生加强理解和记忆，也大大提高了教学效率。为了打破传统教育模式对学生思想的禁锢，我们应合理地采用多元化教学方法，善于利用多媒体设备，活跃课堂氛围，提高教学效率。这将直接影响学生对数学的兴趣与新课程改革的进程。

### （二）将数学与生活紧密联系

高职数学老师需将数学知识与学生的生活实际相结合，让一些学生不再认为数学无用，让学生发现学好数学可以解决生活中的许多问题。为此，职业高中应当致力于丰富学生的课外活动，诱导学生自己发现生活中的数学理论，从而实现学以致用的目标。比如，在进行"等比数列"这一知识点的教学时，教师可以举出一些生活中的相关实例，同时让学生也开动脑筋想想例子，让学生深切地感受到数学的神奇。只要坚持这样做，学生的积极性一定会得到提高，有利于取得更好的教学效果。

### （三）使学生占据主导地位

长期以来，教师在教学中一直占据着主导地位，学生只能作为一个倾听者，他们的主观能动性得不到发挥。新课程改革需要改变这种现状，让老师成为真正的引导者，使学生成为学习的主人。要想改变主导地位，首先得培养起学生的这种意识，调动他们的积极性，然后老师从旁指导。让学生与教师之间进行高效地交流和讨论，老师及时指正学生在教学中出现的问题。老师应当对在交流中比较积极的人和提出良好解题方案的人给予表扬与鼓励，以此激发学生对数学学习的热情。新课程改革同时十分重视学生在上课之前的预习，教师应促进每个学生养成课前预习的好习惯，让学生大致了解一下基本的概念和原理，这样老师讲的时候学生就会听得比较轻松。做到课前大致理解概念，课中深入明白内涵，这样的学习方法一定能够事半功倍。

总之，高职数学创新在新课程改革中会面临许多问题，要求每个高职数学老师抛开传统教学模式的束缚，在实际教学中寻找一些新颖的教学方式，将生活实际与数学教学融为一体，加强与学生的交流和互动，把学习的主动权归还给学生。只有结合实际，使数学教学跟上时代的步伐，才能促进我国高职教育事业的迅速发展，学生也会改变对数学学习的态度，进而实现最终的教学目标。

# 第二节　高职数学教育的思考

高等职业教育是我国现代高等教育体系中最主要的两种类型之一，兼具高等教育与职业教育的双重属性。高等职业教育的大多数专业均开设了以微积分为基础的高等数学相关课程。我国高等职业教育目前以专科层次为主，学生来源复杂多样，学生文化基础普遍较弱，数学基础尤其如此。故高职学生学习高职数学的兴趣不高，普遍感到学习困难，学习的效果也不理想。所以笔者认为，要解决这个问题，教师须在高职数学课程教学过程中帮助学生明确以下两个问题：

## 一、高职学生为什么要学习数学

高职学生在进入高职院校以前，已经经过十几年数学课程的学习，从数学知识体系上来讲，高中及高中以前的数学知识主要属于初等数学的范畴，而高职数学属于高等数学的范畴。从高等职业教育的培养目标来看，高职学生继续深入学习高等数学知识的必要性，主要体现在以下两个方面：

### （一）促进学生思想上多方面的变化

1.从静态到动态的思想变化

初等数学认识自然现象和自然规律是从静态的角度出发，利用初等数学知识可以描述事物发展的现状，即在确定的条件下能够得到某一确定的结果。而高等数学是从动态的角度认识事物和揭示事物变化的规律，它可以描述事物的发展趋势。从微积分中最基本的极限这一概念即可以看出，高等数学是从运动的观点发现事物的特点和性质，从而更加深刻地揭示事物发展变化的内在规律。例如，我们熟知的汽车测速问题，测出的汽车速度是点速度，但在一点上，汽车是静止的，那么速度是如何产生的？学习了高等数学中的导数，从动态的观点出发就可以分析和理解这一现象。恩格斯曾指出："只有微积分学才能使自然科学有可能用数学来不仅仅表明状态，并且也表明过程、运动。"

2.从有限到无限的思想变化

初等数学一般是在有限的变化中认识事物的特点和变化规律，在我们的视野中看到和感知到的也往往是有限的变化，但事实上在有限的范围内经常发生无限的变化。许多现象必须从无限变化中才能解释清楚。例如，两个人赛跑，甲比乙起跑快，那么开始甲跑在前，若乙的速度比甲快，那么在有限的时间内，乙一定可以追上甲，这是我们的生活常识，但为什么乙能够追上，原因是在乙追上甲的过程中发生了无限变化，如果学习了高等数学中的极限概念，就可以理解和解释这一现象。例如，曲边图形的面积是利用定积分计算的，而定积分的实质是无限求和的过程。

3. 从量变到质变的思想变化

初等数学侧重讨论的是事物量的变化，量变指事物在数量上的增加或减少以及场所的变更，是一种连续的、逐渐的、不显著的变化。而高等数学侧重体现的是事物质的变化，质变是在量变的基础上发生的，标志着量的渐进过程的中断。高等数学中的许多内容都是从无限变化的过程中认识事物的发展变化规律，在无限变化的过程中，事物必然会经过从量变到质变的转化。学习高等数学使学生能够理解量变到质变的辩证关系。

4. 从离散到连续的思想变化

初等数学主要讨论事物的离散变化，即从一种状态到另一种状态的变化，而生活中的许多现象和规律都是连续地变化。高等数学中微积分的学习可以使学生区分离散变化和连续变化的不同。例如，现在我们使用的数码相机，照片的显示利用点阵成像，是一种离散变化，所以当照片放大后会出现变"虚"的现象。而如果利用连续曲线作图，其图像就不会出现放大变"虚"的现象，这是因为连续曲线可以通过数值计算来弥补点阵。通过对高等数学中连续函数的学习，学生可以更好地区分离散变化与连续变化。

5. 从确定到不确定的思想变化

初等数学主要研究确定性现象，即在一定的条件下会出现某一种或几种确定的结果。而生活中的问题往往充满不确定性。高等数学中的概率论即是讨论不确定性现象的科学。高职学生应当掌握一些研究不确定性现象的科学方法。所以高职学生也应当学习一些概率论的知识，利用概率论的知识分析解决生活中的问题，例如，"狼来了"的故事实际上就是概率论中"贝叶斯概率"的体现。同时，高职学生也应当掌握一些分析解决不确定性问题的科学决策方法，用以指导学习和生活。这些方法都需要高职学生学习相关的高等数学知识。

## （二）高等数学是专业学习和职业发展的基础

高等职业教育以促进学生的综合职业能力提升为目标。1998 年，奥迪、宝马、福特、通用、保时捷和大众六家国际汽车制造巨头在德国联合提出《职业教育改革 7 点计划》，指出普通教育和职业教育学校必须尽早为人们成功的职业生涯发展打下良好的基础，而这些基础包括掌握基本文化基础（阅读、书写和计算）。高职数学的学习能够在一定程度上实现对学生计算能力的培养。

1.高职数学是专业学习的基础

针对高等职业院校不同专业开设不同内容的高职数学，为高职学生的专业学习打下良好的基础。在管理专业中为学生开设微积分、运筹学相关内容，对学生学习管理经济学、市场调查与预测、物流与供应链管理等专业课程提供了基础和保障。在金融相关专业中为学生开设金融数学，讲授微积分、概率与数理统计等内容，对学生学习经济学基础、统计学基础、金融学基础等课程提供了必要的分析工具。从高职学生专业学习的角度出发，高职数学不仅是学习专业课程的基础，在对学生各种能力的培养上，也是对学生必要的训练。

2.高职数学是学生可持续发展的保证

高职数学的学习可以培养学生在未来职业生涯中所需要的各种能力。①严谨高效解决问题的能力。数学是严谨的科学，数学的学习和训练有助于学生形成"实事求是"的工作态度。数学是逻辑思维科学，数学的学习和训练有助于学生掌握科学解决问题的方法，做到举一反三，提高处理和解决问题的效率。②创新能力。数学的思想充分体现了"求实、求新、求异"的科学精神，在高职数学学习中可以培养和提高学生的发散性思维、逆向思维和联想思维等能力，有利于学生在未来的工作中实现创新和突破。③学习的能力。现代教育是一个终身学习的过程，高职数学的学习和训练对学生形成自己的学习方法具有重要意义，为学生在职业生涯中学习新的知识和方法打下了良好的基础。

# 二、高职数学应该学什么

## （一）"学"文化

数学是人类文化的重要组成部分，数学可以帮助学生更好地认识自然规律，了解社会现象；数学可以促使学生正确地对待问题，条理清晰地解读社会问题；数学能够发展学生的主动性、责任感和自信心。在高职数学教学中应当结合所教数学内容，以数学发展为背景，融入数学文化的教学，加强对学生文化素质的教育，培养学生综合素质的形成。高职数学中的每一种思想、每一种方法都是人类智慧的结晶，是对人类文化发展的贡献。在高职数学教学中多讲一些数学文化，使学生在学习中了解数学思想方法的产生，可以更好地接受数学思想，掌握数学方法，提高学习数学的兴趣，同时提高学生的数学文化素养。

## （二）"学"思想

高等数学蕴含着丰富的哲学思想，高等数学是人类心灵、智力奋斗的结晶，高职学生学习高等数学知识必将终身受益于它所阐发的伟大哲学思想以及它解决实际问题而提供的独特策略方法。

所以在高职数学教学中，应当着重从哲学思想上教育学生理解和掌握高等数学的基本概念和基本方法。微积分中的一些基本概念如变量、函数、极限、微分、积分、微分法和积分法等从本质上看是辩证法思想在数学中的运用和体现。高职数学教学应当从高等数学的概念和方法中教育学生要认识到从静态到动态、从有限到无限、从量变到质变、从离散到连续、从确定到不确定等认识事物发展变化的哲学思想，使学生从思想上得以升华。学生思想认识的提高能够使学生从更深刻的思想上认识和解读生活工作中出现的各种问题，在更加宽阔的视野范围内理解和把握所看到的各种现象，用更加科学的方法指导自己的工作和生活。

## （三）"学"方法

高等数学中解决数学问题的方法与生活中解决问题的方法是息息相通、一脉相承的。高职数学教学应当将数学中的方法与生活工作的实际问题相结合。高等数学微分法、积分法的教学中既融合了解决实际问题的"化整为零""分解与综合""特殊到一般"的方法等，同时，高等数学中还提供了大量科学决策的具体方法。例如，用于分析经济问题的边际分析法、弹性分析法，用于管理决策中的决策树法、层次分析法，用于预测问题中的相关分析与回归分析法等，都是解决实际问题的科学方法。

## （四）"学"能力

高等数学教学从思想到方法，最终应落实在学生各种能力的提高上。从严格意义上讲，能力不是教和学得到的，而是在训练中逐步积累和提高的。高等数学教学能够使学生获取以下各方面的能力：

1. 提高学生的认知能力

高等数学的内容丰富了学生的知识，使学生能够在更加广阔的视野范围内提高接收、加工、储存和应用信息等认知能力。

2. 提高学生的模仿能力和创造能力

高等数学教学中应用的案例教学是训练学生模仿能力的重要方法。学生模仿能力的训练与提高是学生创造能力提高的基础。学生只有在大量模仿训练中才能领悟高等数学的思想方法，从而激发创造与创新思想方法的产生。

3. 提高学生的流体能力

流体能力是指在信息加工过程和问题解决过程中所体现出来的能力。数学项目化教学的设计对训练学生数据的分类与整理、提炼与加工等信息处理能力有极大帮助；数学项目化教学的实践对训练学生分析问题、解决问题等能力是极好的方法。

只有帮助学生真正搞懂"为什么学"和"到底学什么"两个问题，对高职数学课程有畏难情绪、不愿意学的高职学生才会调整心态，抖擞精神，对有难度的高职数学课程迎难而上。

# 第三节  传统文化与高职数学教育

从社会的发展现状来看，很多高职院校在传授学生数学知识的同时，还渗透了中国的传统文化。由此，在教授数学知识的同时，还能够间接促进学生对中国传统文化的掌握。所以，在高职数学教育的过程中，需要更多地与传统文化进行有效结合，以推动高职教育的深化改革。

## 一、传统文化视角下高职数学教育的发展现状

目前高职数学教育发展的现状，主要体现在数学教师与数学教学方式两个方面。首先，从教师自身来说，很多高职院校的数学教师只注重凭借自己理科生的优势，而忽略了自身的传统文化建设，还有很多教师对传统文化的认识不足，这都使得传统文化无法与数学教学进行有效的融合。目前大多数高职院校针对数学课程的教学时间较短，许多数学教师为了达到要求的教学目的，只单纯地完成指标的教学任务，没有针对传统文化进行深入的渗透。其次，高职数学的教学方法需要进行一定程度的创新，许多数学教师对于传统文化在数学中的应用过于直接，没有让学生更好地理解，甚至只是单调的讲述，课堂的氛围也没有得到相应的活跃，这对传统文化和高职数学教学的整合发展形成了阻碍。

## 二、如何基于传统文化发展高职数学教育

### （一）引入数学的名人事迹表达人文精神

在高职数学的教育教学过程中，合理地运用书中提供的数学家资料，对数学家进行针对性的深入研究分析，并借此讲述数学家的人物经历，从而引导出体现在数学家身上的优良精神文化。比如，在课本中出现的某位科学家，可以让学生自主预习，课下了解相关的人物经历，帮助课堂教学高效地开展，课堂上再对其研究经历及成果进行分析。此外，针对一些中国古代的数学家，在介绍他们时应该着重凸显体现在他们身上的精神品质。通过这种方法对古代科学家进行介绍，能够让学生在了解数学常识的同时，加深对中国传统文化精神的理解，激发学生的认同感，为学生树立良好的榜样。

### （二）教学过程以传统图案表达数字艺术

在数学教育中，数字会频繁地出现在课本上，还有很多方程式或者多元素的题目，时常会带给学生单调的感觉。在我国的传统文化中，很多精美的图案或者图形具有中国独特的艺术审美，也代表了中华民族的悠久历史，在世界范围内都得到了广泛的认可。数学中有一类题型专门以几何图形作为出题依据，从出题者的角度出发，在几何图形中适当地加

入中国元素，或者以中国已有的传统图案作为题目，可以极大地创新数学的题型，并且减少题目的枯燥感。

### （三）解题过程中融入传统模式的先人智慧

现阶段的很多高职数学教育模式比较单一，解题的过程也相对乏味。在中国传统文化中有一些趣味性的题目，其中融入了先人的智慧思想。比如"鸡兔同笼""取长补短""体积测量"等。这些问题在古代的解答方式，可以作为学生的参考，更好地帮助学生掌握类似题型的解答，也可以使其进一步地感受古代哲人的智慧。在古代数学的发展中，《九章算术》可以说将中国传统文化与数学进行了完美的融合，当学生在学习其中的内容时，也可以很好地感受传统文化的魅力。

### （四）增设数学的趣味活动传播传统文化

优质的教学活动与教学内容，可以提高高职数学的课堂教学进程。一方面，传统文化的渗透需要结合学生对教材的掌握情况。基于此，设立教学娱乐环节，可以更好地与课本内容相结合，促进学生对题型的认识理解。另一方面，教师还应当注意与课外活动的有机融合。在数学课堂上开展的主题活动，适当地加入传统文化的因素，让学生在学习的过程中，感受自主探究的乐趣，以此加深学生对数学学习的好感度。课堂上的趣味活动不仅仅局限于数学的范围内，还可以与其他领域的传统文化知识进行结合，比如与科技、文学、艺术领域的多方面融合。一道内涵丰富的数学题不仅仅局限于一种数学的解法，通过对多种知识进行掌握，也可以自主探究出多种答案。

### （五）提高数学教师的自我传统文化修养

高职院校的数学教育，对数学老师的要求会更高一些。数学老师的具体任务并不只是单纯地完成各项指标，更加需要的是对学生人生观、价值观等方面的引导。教师是学生的榜样，也是学生的一面镜子，其身上背负着重大责任。教师的一言一行对学生的生活方式都会产生重要的影响，教师需要用自身独有的文化特征影响学生，对学生进行优良文化的熏陶。一方面，教师对中国传统文化应该给予高度的认识与肯定，在传统文化知识的学习过程中不断启迪学生，将优质的中国传统文化融入课程中，帮助学生对传统文化进行深入理解。另一方面，教师需要加强自身的形象建设，严格地要求自身的日常行为规范，给予学生正确的行为处事方面的引导，将数学教学与传统文化进行更深层次的融合。

高职数学教学是教学中不可缺少的一环，教师应该时刻秉承促进学生发展的教学理念。在教学中与中国传统文化进行有机结合，采用多元化的教学模式，深入地发掘数学中存在的文化元素，持续加强高职数学教育中中国传统文化的渗透，从而进一步提高高职数学课堂的教学效率。

# 第四节　素质教育与高职数学教育

在我国教育体系不断完善的背景下，高职院校的教学模式也得到了创新。在实际的高职数学教学过程中，教师要想在根本上培养学生的综合素质，强化对人才的职业技能培养，就要对素质教育理念进行分析，采取措施有效解决高职数学教学过程中的问题，从而为完善我国的教育体系提供条件。

## 一、素质教育背景下，高职数学教育探究的重要性

综合素质和核心素养是学生必须具备的核心能力，更是促进学生在生活和学习过程中全面发展的基础。高职数学作为培养学生思维能力的重要学科之一，教师要想提高高职数学教学的质量，就要认识素质教育理念在实际教学过程中的重要性。

同时，在高职数学教学的过程中，融入素质教育理念，不仅可以有效地培养高素质人才，还能进一步完善高职教学体系。在新课程改革不断深化的基础上，高职数学教学不仅重视对学生知识能力的培养，也越来越注重对学生核心素养的培养。所以，高职数学教师在具体的教学过程中，一定要明确数学课程在培养学生核心素养方面所起的作用，根据实际的教学情况不断优化教学方法和内容，提高数学教学课堂效益。

与此同时，数学作为高职教育教学中的一门重要课程，更是培养学生逻辑思维能力的有效学科，在锻炼学生分析判断能力方面具有一定的作用。然而，在具体的高职数学教学过程中，由于教学理念的影响，学生在实际教学过程中并没有占有主体地位，忽视了其综合能力的提高。因此，要想在素质教育背景下，培养学生自主探究和思考数学的能力，就要认清数学教学的主要内容。

由于高职数学教学的内容比较丰富，主要包括比较抽象的概念和图形等，所以教师在具体的教学过程中，如果不创新自己的教学理念和教学模式，基础知识薄弱的高职学生就不能对复杂的数学知识进行理解。因此，在高职教育不断发展的今天，要想提高高职数学教学的质量，培养学生的逻辑思维能力和自我探究能力，就要采取措施将素质教育理念融入具体的教学过程中，从而为促进我国教育事业在社会中的稳定发展夯实基础。

## 二、素质教育背景下的高职数学教学策略

### （一）加强对教学目标和教学内容的设计

教学目标和内容是高职数学教学过程中的基础，更是提高学生核心素养的重要手段之一，所以教师在实际的数学教学过程中，需要结合实际的教学目标去设计高职数学的教学内容，突出学生的主体地位，让学生有目的地去学习数学知识。此外，教师还要在教材内

容设计的过程中融合素质教育的理念，结合学生专业成长的需求，不断提高学生的综合能力，进而促进学生的全面发展。

例如，教师在讲授"抛物线"这部分内容的时候，在上课之前，教师一定要结合教学目标，将抛物线的标准方程和准线方程等基础知识进行整合，要把数形结合思想有效地应用到实际的教学内容过程中，教师还可以将发展形象思维作为教学目标。这样不仅可以加强学生对具体数学知识的理解，还能够让学生在实际的教学过程中主动地去探索数学知识，进而不断培养学生的核心素养。

### （二）结合高职数学的教学特点融合素质教育理念

素质教育理念在高职数学教学过程中的应用，不仅是让教师培养学生对数学知识理解的能力，还要求教师要培养学生的综合素质。所以，在实际的高职课堂教学的过程中，要让学生对相关数学公式和定义等知识点，有一个清晰的认识和理解，还要求学生具有一定的运算技能，帮助学生形成数学逻辑思维模式，进而为促进学生的综合发展提供基础。

例如，教师在讲解"微积分"这部分内容的时候，由于微积分具有一定的复杂性，数学教师需要对其中的辩证关系进行分析，可以通过对变量之间的关系进行讲解，加强学生对这部分知识点的认识，让学生明确其中的辩证原理，从而从根本上体现高职数学教学的价值。

### （三）激发学生对高职数学学习的兴趣

兴趣是培养学生核心素养的前提，更是提高高职数学教学质量的基础，教师在向学生讲解数学知识的时候，一定要注重对知识背景的讲解，可以利用古今中外一些知名数学家的故事，激发学生对数学知识的学习兴趣，让课堂教学氛围充满乐趣，这样不仅可以有效地培养学生自主探究的能力，还可以为学生营造轻松和有趣的课堂教学环境。同时，学生通过对数学知识背景的了解，还可以对数学知识点更好地掌握，不断开阔视野，进一步加强对数学知识的认知能力。

例如，教师在讲授"函数的概念"这部分内容的时候，可以利用网络信息技术搜集一些有关伽利略和牛顿等人物与函数的关系，让学生通过这些人物故事，对这部分教学内容有清晰的认识。同时，这样的教学模式还可以在激发学生学习兴趣的同时，拓展学生的数学知识面，从而不断提高学生的核心素养。

由此可见，在我国教育事业不断完善的背景下，要想有效提高高职数学教学的质量，就要根据实际的教学目标将素质教育理念融入到教学过程中去，培养学生的核心素养，锻炼学生的数学思维，为促进学生的综合发展提供基础。

# 第五节 数学应用意识与高职数学教育

数学教师是教学活动的发起者和驱动者，要将学生应用数学意识和能力的培养作为基础教学目标，并且围绕着这一教学目标，在教学理念、教学模式、教学方法上进行积极调整。

## 一、数学应用意识在高职数学教育教学中的意义和作用

### （一）有助于更好地实现高职数学教育教学的人才培养目标

高职院校把培养高素质、高技能的专业人才作为教育教学的根本任务。高职院校不断加强人才培养工作，源源不断地向社会输送人才。高职院校人才教育工作的最终教学目标是培养具有专业技能的技术型人才。在高职院校数学教育中，教师要从提高应用型人才质量的角度展开工作，重视数学应用意识的培养，使学生体会到数学知识的应用价值，学会分析问题、解决问题。对于高职院校来说，要使应用型人才的培养水平得到提高，数学教师就要指引学生学以致用，学会运用数学知识解决生活中的实际问题，提高自己的数学应用能力。

### （二）数学应用意识有利于高职数学教育教学意图的构建和实现

"创新""应用""实用"是高职教育的重要组成部分，同时也是高职教育的教学目标。创新是社会经济发展的动力之源，教师通过开展创新教育（如教学内容的创新、教育方法的创新等）激发学生学习数学的兴趣。教师在数学教学过程中渗透数学知识的应用方法，从而提高学生在生活中应用数学知识的能力。数学是一门工具学科，与生活密切相关，人们可以运用数学知识解决生活中的实际问题。因此，数学的实用性在生活中起到了很大的作用。在构建数学应用体系中，"创新""实用"蕴含的数学应用意识是"从数学角度发现和解决问题"，"应用"蕴含的数学应用意识是"从数学角度体会数学的意义"。"创新""应用"和"实用"在数学应用体系中既独立存在，又互相作用。以数学应用意识为基础构建出的教学意图可以进一步推动教学与人才培养目标的实现。

## 二、高职学生数学应用意识和能力的培养现状

### （一）学生应用数学意识和能力的培养被忽视

高职学生在进入社会后要独自面对问题和解决问题，因此，高职教师要培养学生良好的学习习惯。根据构建主义理论，学生主动完善自己的知识体系，能更好地掌握数学知识，灵活运用所学知识解决实际问题。同时，学生有了一定的数学逻辑思维之后，会打破自己的思维定式。所以，教师在教学中要摒弃传统教学中的一些缺点，引导学生自主思考、探

究问题，提高学生的综合素质。

在高职数学教育中，大部分学生应用数学的意识和能力较低，并且教师不重视学生数学应用意识和能力的培养。许多高职数学教师没有制订有效的培养计划，不注重培养学生的数学应用意识。在这种情况下，传统的教学模式已经无法满足学生数学意识和能力培养的要求。

### （二）大部分学生的数学基础不好

高职学校的大部分学生比普通高等学校的学生基础差，知识掌握得不牢固，成绩不理想，而高职数学概念比较抽象，难度较大，学生接受这些知识有一定难度，处于被动学习状态。长此以往，很多学生产生了厌学情绪。数学知识的严谨性、连贯性比较强，很多学生在学习过程中不但没有掌握基础知识，还对学习数学产生了逆反心理。因此，教师在进行数学教学时要遵循学生的身心特点和发展规律，从根本上提高学生的学习效果。

### （三）知行分离

目前，一些学校存在知行分离现象，学校是传授知识的重要场所，学生的知识学习与能力培养基本是在学校进行的。一些学校只重视知识理论的传授，导致学生缺乏实践机会。一些高职教师也认为数学知识侧重理论，不需要进行实践活动，这就导致学生缺少在实践中学习数学知识的机会，不能实现知识内化。由于缺少实践环境，学生对数学知识的理解较差。

## 三、数学应用意识的培养策略

### （一）利用多媒体进行教学

随着现代化信息技术水平的不断进步，在当前教学环境中，应用多媒体开展教学已成为一种主要的教学方式。所以教师应正确认识多媒体在教学中的作用，为学生提供丰富、生动的教学环境。运用多媒体进行教学可以大大丰富课堂教学手段，将复杂、有难度的知识简单化；能有效地提高教学效率，激发学生的学习积极性和学习兴趣，同时对学生数学应用意识和能力的培养也起到积极作用。因此，教师在进行多媒体课件设计之前，可以借助互联网收集有效信息，别出心裁地进行课件设计和内容编排，通过多媒体技术以案例的形式展示课程中的难点、重点，调动课堂学习氛围，提高学生对数学的学习兴趣，这样学生会积极、主动且心情愉悦地学习数学。

### （二）重视对高职学生数学应用意识的培养

要想培养高职学生的数学应用意识，首先，高职院校教师应高度重视学生数学实践能力、应用意识的培养。学校和教师应转变观念，从课堂教学、实践活动、考核测试方面培养学生的数学应用意识。其次，高职院校应加强文化建设，深化教育教学改革，提升人才培养的质量，通过培训等方式提高教师对培养学生数学应用意识和能力的重视，把培养学生数学应用意识的目标入加到教师进修和研讨会议中。教师应向其他优秀教师学习经验，在课堂教学和实践活动当中，培养学生的数学应用意识。最后，高职教师应转变教学观念、教学思想、教学模式等，重视学生数学应用意识和能力的培养，在课堂学习中用鼓励性评价引导学生，让学生在实践中运用所学的数学知识解决生活中的实际问题。

### （三）积极完善高职数学教学的考核评价

如何完善数学教学考核评价应成为当前高职院校管理层和教师重点关注的问题。首先，高职院校管理层应在学生和教师的考核评价体系中加入有关应用意识和能力的考核机制，用详细、科学的考核标准来提高教师和学生对数学意识和能力的重视。其次，教师应采用阶段性、分层式的评价方法。在数学知识的教学过程中，教师给出题目，鼓励学生互相讨论，让学生交流解决方法，教师再结合学生的实际情况进行综合评价并给予指导和建议，不单纯以答出标准答案或分数为评价标准。

### （四）改革课程内容和教材内容

大多数高职数学教学所采用的教材和课程安排与本科院校的数学教学相同，没有体现高职院校的教学特点，也没有针对性地培养应用型人才，教师忽视了对学生数学应用意识和数学应用能力的培养。高职院校教师应对学生基础知识和专业需求进行充分了解和分析，根据学生的综合素养来开展科学、合理的教学，将数学知识与学生的专业知识相结合，更好地完成教学目标。在数学教学中，教师要潜移默化地向学生渗透一些基本的数学思想和方法，让学生从数学的角度探索和思考问题。

### （五）以学生为主体，构建知识生成课堂

许多高职学生的数学学习意识薄弱，在学习数学知识时，这些学生不能积极主动地对数学知识进行探究。许多高职学生的综合成绩较低，同时教师在课堂教学中过于注重专业知识的传授，忽略了对学生数学应用意识和应用能力的培养，导致高职学生不具有良好的实践数学应用意识和能力。故此，教学中教师要转变关键，按照新课标教学要求，一学生为主体，注重学生在课堂中主动创新发展，构建知识生成课堂，帮助学生构建全新的知识体系。

### （六）分层教学，确保学生学有所得

数学知识与生活息息相关，已经广泛应用于生活的各个领域。每名学生的数学基础不同，教师要在教学结构上进行调整，根据学生的发展特点实施不同的教学方法，使每名学生都能充分发挥自己的潜能。在教学中，教师应鼓励学生大胆创新，培养和发展学生主动探究知识的能力。教师要根据每名学生的个体差异，实施分层作业，提高学生对数学知识的运用能力。

### （七）授课模式多元化

适当调整授课模式能有效地减少因长时间使用同一种教学模式而引起的枯燥感，避免

学生学习的动力不足。教师应采用多元化教学模式为学生打造高质量的课堂。在具体教学过程中，教师可通过多元化的教学手段激活课堂教学。比如，在讲解极限的基本知识和思想后，教师可组织学生对极限在日常生活中的运用进行分组探讨。在介绍完拉格朗日中值定理后，教师可以用 PPT 展示拉格朗日的数学生涯。多元化教学不仅能够加强学生学习数学的兴趣，还可以提高学生分析问题和解决问题的能力。

### （八）加强数学建模课程的教学

根据高职院校培养人才的目标，教师应结合学生的专业特点改进教学内容，将数学建模课程融入高职数学教学，正确引导学生运用数学知识解决实际问题，激发学生在实际生活中运用数学知识的意识。

总而言之，教师采用的教学方法会直接影响学生的学习效果，若学生的知识基础不牢固、没有形成良好的学习习惯，则不利于深入学习。在高校教学中，数学的学习难度及深度都增加了不少，如果学生不重视数学学习，那么后续的专业技能学习将受影响。因此教师要发挥引导作用，提升学生的数学素养。

# 第三章　高职数学教育理念

## 第一节　成果导向下的教育理念与高职数学

近年来，高等职业教育发展迅速，在我国教育体系中的作用越来越大，肩负着为经济社会建设与发展培养技能型人才的使命。与普通本科教育相比，培养目标、就业定位、教学方式都有着本质区别。

数学建模课程在本科教育体系中已经发展得相对成熟，从 1992 年全国大学生数学建模竞赛至今为止的参赛队伍数量上就能看出，本科的数学建模课程从教学内容到教学效果都是完整有效的，从参赛成果上也能看出本科学生通过这门课程的培训，其应用能力和创新能力都有显著提高。

相对于本科数学建模的教学成果，高职数学建模课程开设时间较晚，并且从参赛规模和参赛成果上也要远远落后于本科。高职数学建模课程体系构建面临的最大问题，具体包括生源复杂造成知识基础差异较大、授课时长较短、课程目标差异化等问题。

本节以高职院校的实际教学环境为例，以成果导向的教育理念为指导进行数学建模课程体系构建研究，全面提高学生的应用能力和参赛能力。本节从实际出发，主要从高职学生学情调研、课程体系的构建两个方面进行研究探讨。

### 一、学情调研

生源的竞争压力导致学生的基础越来越差，教学难度逐渐增加，学生的实际情况完全无法满足数学建模竞赛对参赛学生的要求。面对这些困难，只有充分调研，了解学情，才能准确制定出有针对性的课程大纲，明确教学目标和体系构建原则。

#### （一）生源情况

各高职院校在生源紧张、招生困难的背景下逐年增加单独招生比例，期望在高考前抢占一部分高考生源市场。从几个省份调研结果数据来看，单招考生的比例增加在 16.5% 左右，在这种大环境下，各高职院校的生源构成逐渐以单招学生为主，比例会占到 60%~70%，其中还会有一部分的中职学生。

## （二）学生的基础知识掌握情况

近几年高职院校单独招生的学生比例逐年递增，这种现象导致高职学生的基础知识起点越来越低，完全不具备初等数学的知识储备。知识储备的缺乏不只是计算能力有所下降，很多基本概念、基本性质都没有理解和掌握，这种前提下学习数学建模的难度很大。高职学生在学习数学建模过程中最大的难点就是对于复杂运算的畏难情绪，这个问题可以通过引入数学实验来解决，利用一些操作命令简单的数学软件（例如 MATLAB、Lingo、SPSS等）解决一些复杂的计算问题。

## （三）网络资源使用能力

由于高职学生生源多数来自一些非重点高中学校，使用手机的时间较多，这些学生虽然并不擅长解题和计算，但是这些学生对网络资源的搜索能力比较强，他们在手机使用的时长和广泛性方面具有一定的优势，发散性思维比较活跃。针对这种优势，数学建模课程在构建体系时就需要加强学生对网络信息资源整合和应用的能力。

## （四）电脑硬件保有情况和常用办公软件应用能力

由于手机部分功能对电脑的替代性，学生的电脑保有情况有明显的下降趋势，很多学生在学习这门课程前有可能没有接触过电脑或者接触得比较少，这种情况带来的难题就是学生对常用办公软件的使用和应用能力不足。这给高职学生学习数学建模课程增加了新的难题。

针对以上这些调研结果，在构建高职数学建模课程体系时就需要注意两个问题：一是如何克服知识结构缺失和软件应用能力不足；二是如何利用学生的网络资源搜索能力，提高理论知识的应用能力和解决实际问题的能力。

# 二、体系的构建

数学建模课程在学生职业能力和综合素养培养过程中起着至关重要的作用，一般课程会开设在高等数学学习之后，这时学生会初步具备一些微积分知识等数学基础，但对于高等数学中的抽象概念和意义理解不到位，尤其是比较缺乏利用这些理论知识解决专业与实际生活中具体问题的意识和能力。本节希望通过重新构建高职数学建模课程体系，提高数学建模课程的教学效率和教学质量，全面发挥大学数学全面育人的功能。

## （一）基于成果导向教育理念的课程体系构建原则

成果导向教育（OBE）以学生的学习成果为导向，正视学生的多样性与差异性，课程构建的重点不再是传统意义上的教师想要教什么，而是更加重视学习成果，强调学生"学到了什么"，强调围绕着学生的学习成果开展教学活动，重视学生在未来对社会的适应能力和可持续发展。根据成果导向教育理念构建课程体系，教师首先需要明确课程的教学目标以及教学难点，然后进行反向设计，突破原有的课程体系和知识框架，根据高职学生实情，不断地调整教学内容和教学方法。

1.聚焦最终成果：构建体系的第一步就是聚焦学生在经历学习后能够达成的最终学习成果，这是构建原则中最重要、最基础的原则。首先建立一个课程的学习成果目标列表，这个目标成果是之后所有教学设计和评价的起点，所有的教学设计和评量设计都是为这个目标成果而服务。然后设计对应的教学大纲，将最终成果分解为阶段性成果，用具体的教学内容和教学手段作为载体，协助完成每个阶段性成果。

2.机会拓展原则：成果导向教育理念强调"成功是成功之母"，以所有学生都能成功为前提，引导学生个性发展，关注学生个人的进步表现和学业成就。所以在构建数学建模体系时要为所有学生提供相同的学习机会，可以提供不同的可选择的教学资源，教师根据学生的差异化需求进行协助引导，同时建立多元的教学评量方式，全面评量考核学生的学习过程及学习成果。

3.反向设计原则：明确了学生的最终学习成果以后，由最终成果反向设计，充分考虑所有成果的教学载体和教学方式，规划成若干个阶段性成果，确保最终学习成果的实现。在反向设计的过程中，将影响最终成果拆分出的关键性成果作为基础成果，将这些基础成果根据难度和知识结构进行排序设计，串联成最终成果。同时，尽量删除或者忽略一些零碎成果，突破原有的知识框架。

## （二）教学目标

高职数学建模课程的开设目标是希望通过教师讲解建模的基本方法、相关数学计算软件的应用方法，让学生了解完整的建模过程，然后通过一些代表性的模型案例，让学生模拟使用对应的常见建模方法，熟练这些建模方法后协作完成一些自然科学领域的实际问题。在协作完成简单模型的建立和求解过程中，提高学生的知识应用能力和创新能力，并且在大量的实践过程中，逐渐形成用数学思想分析和解决实际问题的意识和能力。

根据成果导向教育理念，明确学生最终的学习成果如下：

1.熟知基本的建模方法和步骤，能使用软件 Lingo 和 MATLAB 的基本数值命令。

2.能够和其他同学建立小组，协作完成简单的数学建模，建立良好的数学应用意识。

3.能分析生活中相关的变化率问题并建立简单的微分方程模型。

4.能利用 EXCEL 数据分析功能进行简单的数据处理和分析，完成一些简单的预测问题。

5.能利用线性规划理论，建立优化模型，通过 Lingo 解决计算，完成一些简单的决策问题。

## （三）教学大纲

根据成果导向教学理念，教师在明确了教学目标后，设计对应的教学大纲，确定教学内容和进程安排。完成以上教学目标，能够有效地提高学生应用理论知识解决实际问题的能力，逐步培养学生应用数学理论做出科学决策的意识，同时还使其具备了参加数学建模竞赛的理论基础。不过在进行反向设计课程体系时还要注意调研结果中涉及的四个问题，也就是说反向设计的起点不只是理论知识的教学目标，还要包括基本学情分析结果所带来的难点。

例如，由于学生的生源及基础知识掌握情况带来的难题需要考虑到数学建模课程对学习起点的分析，高职数学建模课程主要涉及三种类型：微分模型、优化模型、数据分析模型。其中微分模型对微积分的理论要求比较高，尤其是要深刻地理解微积分在各专业领域的实际意义才能建立适当的微分模型。这对于大多数的高职院校学生而言是有很大难度的，因此在反向设计高职数学建模课程的教学内容时就要适当地降低微分模型的课时比例和案例难度。

## （四）教学单元设计

课程大纲的教学内容设计和教学进程安排包括四个单元，这就是教学单元设计中的"单元"来源。成果导向教学单元设计更加强调包容性和实用性，在教学设计的过程中，学生是主体，"如何学"是设计的基本原则。每个单元对应的教学单元设计要分别承担一部分的课程教学目标，然后思考学生达成对应目标需要的知识载体，最终形成具体的单元活动历程。

成果导向教学单元设计的重点包括学生学习条件分析、教学方法和手段、教学资源、单元教学目标、活动历程、教学后记。其中学生学习条件分析包括起点能力分析、重点分析和难点分析，这是整个教学单元设计的前提。单元教学目标是教学单元设计的核心，是教学活动实施前的制定原则、起点，每个单元承载的目标合集要能够完成总体的课程目标。活动历程的设计重心在于学生活动的展开，设计的主体是学生，这是与传统教案最大的区别。

## （五）评量体系

根据学情调研结果分析和理论教学目标设定，高职数学建模课程的考核评量体系要更加注重过程性评量，成果导向评量采用多元评量，强调评量历程、自我比较等。高职数学建模课程的评量体系可以选择实作评量和档案性评量。数学建模课程从教学内容的实施方式上看主要分为两部分：建模实例和数学软件求解，其中建模实例要以小组为单位完成，每次任务都是一次成果的体现，通过实践熟练度的累积不断提高应用能力，自我成长是很重要的评量指标，这部分就可以采取档案性评量；数学软件求解可以采用实作评量，制定明确的考核标准，着重考查学生的上机操作能力。

高职数学建模课程是高职教育体系中提高应用能力和创新能力非常有效的课程载体，构建具有高职特色的数学建模课程才能更加有效地提高教学效果。

# 第二节 创新创业教育理念与高职数学教学

现如今，创新创业是时代的潮流，这一思潮推动着社会的前进和发展。任何一种思潮的形成都离不开教育，因此，如何将创新创业理念同教育理念融为一体值得每个教育工作者深思。数学本就是思维性较强的学科，在高职数学教育中融入创业创新理念对开拓学生思维，推动高职院校教学改革以及响应国家创新驱动发展战略具有现实性意义。笔者结合自身经历，在介绍创新创业教育理念融入高职数学教学过程中的积极意义的同时，为如何有效地将这一理念融入日常教学提出几点思考，以供参考。

高科技的发展催生了大批新兴产业，如今社会上各行各业的发展都离不开创新，整个社会的发展、国家的进步也离不开大众创业，创新创业成为时代发展的需要，成为个人取得事业成功，更好地实现自我价值的需要。在高职数学教学工作中引入创新创业理念，是结合时代需求和教育教学要求而形成的新型教学理念，一方面，能够将高职数学教学不断地向实用性和应用化靠拢；另一方面，更有利于学生创新创业理念与高职数学学习的结合，为以后步入社会展开专业训练打下了良好的基础，因此，两者的融合对学生现阶段的学习以及以后的发展都具有十分重要的现实意义。

## 一、创新创业教育理念融入高职数学教学的现实性与积极意义

"大众创业，万众创新"是我国的发展口号，创新驱动发展也是党和政府为社会所定下的发展方向，所以创业创新理念融入教学是大势所趋。同时，国家积极提倡职业教育，高职院校无论是从规模还是数量都取得了惊人的进步，但应当立足于学校的长期发展，以教学质量和就业实力来实现学校的优化发展，高职数学教学无论是在教学模式和教学内容上都与实际生活问题相结合，学生的就业与发展离不开数学学习。因此，将创新创业教育理念与高职数学教学相结合，首先能够帮助学生培养动手实践和思维锻炼能力，从而帮助学生实现数学学科能力的综合培养，帮助其形成完善的数学思维模式；其次，创新创业教育理念能够帮助学生为以后的就业和发展打好基础。国家创新驱动发展战略在高职院校内的宣传和推广是创新创业教育理念的又一大体现，通过教育理念的创新和融合，学生能够培养创新性思维，培养专业的技能，从而保证高职院校创新型人才培养目标的实现。

## 二、创新创业教育理念如何融入高职数学教学

### （一）加强创新创业理念的推广

传统的高职数学教学主张以刷题为主要教学方式来促进学生数学能力的培养，但这一教学方法只能够应付考试，无法适应以提升学生数学核心素养为目的的数学教学。因此，

将创新创业理念不断推广并融入数学教学，可以从以下几个方面出发：第一，学校领导应该积极响应国家政策，及时向教师传达党中央的工作精神，使教师认识到创新创业对学生、学校及社会的积极意义，摒弃创新创业就是创办企业这种旧思想，把握新时代创新创业内涵；第二，学校应该加强对教师创新创业相关知识的培训，可以通过考察学习、召开讲座等方式帮助教师认识创新创业的重要性，更重要的是，让他们懂得如何结合自身的教学情况，使得创新创业精神同自己的教学课程达到完美契合；第三，教师本身应该积极履行作为教育者的责任，勇于把握时代潮流，关心国家发展趋势，使自己的教育工作能够更好地服务于社会。教师应该通过多种渠道来了解何为创新创业，搞清楚创新创业和教育工作的关系，并积极探索将创业创新理念融入教学的途径和方法，在教学第一线收集更宝贵的资料，不断提升自身创新创业能力。

## （二）加强高职数学教学课程建设

创新创业理念的引入离不开优秀的课程建设环境，二者如鱼水关系，唇齿相依。因此，两者的融合发展需要从多个方面进行强化和推广，通过高职数学教学来强化创新创业教育理念。在高职数学教学中，教师作为课程教学的引导力量，需要在保证学生主体地位的前提下，不断加强高职数学教学的课程建设，通过优化教育教学方式等来实现与创新创业理念的融合。在具体的教学案例中，教师可以将高职数学与实际的专业数据处理相结合，通过强化学生对本专业的基础认知来加强数学学科的实用性教学。例如，在会计专业的教学中，教师可以要求学生处理某些公司的营业数据来实现高职数学的教学学习；在环境专业的教学中，可以通过了解一些水处理厂的日处理废水量，让学生运用高职数学知识来完成一些处理工艺的操作设计。通过数学教学与实际应用相结合能够帮助学生在学习过程中不断培养自身的专业知识技能，从而实现在实际处理操作中的创新创业理念的形成和发展。

## （三）建立长效机制，形成创新创业教育理念融入高职数学教育的良性循环

将创业创新理念融入高职数学教育是一个长久性工作，我们不仅要立足当下，更要目光长远，使其形成一个长效机制。对此，最重要的就是加强监督，促进创新创业理念在高职数学教学中的应用与发展。这一创新理念指导下的高职数学教学具有明显的教学实效性，学校和教师可以通过教学目标下学生数学成绩的提升来体现课堂教学效果。同时，作为起引导作用的教师，应当不断加强学习和交流，紧跟时代的步伐，不断发展和完善创新创业理念，并在高职数学教学中突出教学理念的不断更新和发展，促进教育教学的长期完善。例如，在教师层面，学校可以就创新创业教育理念指导下的高职数学教学进行教学评比活动，根据教学过程中学生的反馈与教师评比来加强创新创业理念融入教学。除此之外，学校可以从学生层面出发，积极开展以创新创业理念为指导的高职数学竞赛，在校园内营造一种创新创业的优良氛围，加强学生对创新创业理念的深入理解。同时，提高学生对高职数学学习的积极性与高效性，实现两者的融合发展。

新事物战胜旧事物是一个螺旋式上升过程，不可能一蹴而就。现如今，我们应该对创

新创业精神融入高职数学教育保持乐观态度，在工作中应不断地总结经验教训，积极探索符合自己学生情况的教学手段，保证创新创业精神进课堂顺利进行。以高职数学教学促进学生创新创业理念形成和发展，对学生的综合核心素养与学校的长期健康发展都具有十分重要的现实意义。

# 第三节　通识教育理念下的高职数学教学

教育部针对职业教育深化改革提出若干意见，强调全面贯彻党的教育方针、围绕以德树人及服务发展的宗旨持续推进改革，全面提高人才培养质量。高职院在校培养学生专业技能的基础上提升学生综合素质，在这样的背景下融入通识教育，全面深化数学教学改革。

## 一、通识教育理念下的高职数学课程分析

### （一）通识教育下数学课程功能

通识教育理念下高职数学课程的功能为两点：服务功能与素质教育功能。服务功能，数学课程为高职学生的专业课程学习既奠定了数学基础，又提供了学生在日常生活中所需的数学知识。生活中普遍存在统计数据等情况，市场经济类问题分析需要公民具备相应的定量推理能力；素质教育功能，高职学生通过数学学习可以掌握相应的数学思想，提高自身的数学修养，奠定综合素质提升的基础。

### （二）高职数学教学现状

随着高职持续扩招，职业教育生源质量逐渐变差，高职学生数学基础也越来越差，大部分职业生觉得数学在未来工作中作用不大，缺少学习的积极性与主动性。另外，部分职业院校并未改革数学教学模式，教学内容单一，使得数学课程教学质量不断下降，考试及格率也在下降。少数职业院校觉得增加专业课数量即可，偏文科的专业直接取消数学课程，部分工科专业虽然开设数学课，但课时数量不足，不利于学生综合素质的提升。高职数学的教学现状具体来说：

1.学习基础不扎实。高职学生生源广且来自不同地区，学生能力差异明显。面对基础差异较大的情况，传统教学无法照顾这些差异，也就无法满足学生实际需求。

2.课程容量较大。数学课程内容繁杂且更新快，仅凭课堂教学无法满足需求。课程内容也越来越多，单一课堂教学无法满足实际需求。

3.师生互动较少。受传统教学理念的影响，数学教师与学生之间的互动较少，无法激发学生的学习动机，使得教学效果有限。同时，师生互动减少，使得课堂氛围沉闷，教学目标难以完成。

## 二、通识教育理念下高职数学教学改革

职业院校引入通识教育理念，除了开设高等数学、数学建模外，还要增加生活数学、数学美德课程等，推进高职数学教学改革，奠定提升高职学生数学素养的基础。

### （一）重视师资建设，打造高素质的团队

职业院校采取措施提升教师素养。数学教师要主动学习并掌握教育政策方针，在数学课堂教学过程中融入党的方针政策。及时发现课堂教学中存在的问题，联系岗位需求创新教学内容。利用课余时间主动学习，提升自身教学水平，掌握现代化教学方法，创新数学课堂教学模式，发挥信息技术的优势，利用微视频、翻转课堂等模式；发挥学校的作用，利用各方面资源开展数学教学培训制度，并依据专业方向设置教研室（组），并发挥它们在教学工作中的引导作用，奠定各类活动开展的基础；教师需要提高自身的信息化素质，而且要摒弃以前的旧观念，根据时代发展变化，树立新的现代化的教育理念，学会把自己的身份"降低"，更好地和学生平等相处，重视学生的主体地位，制定符合学生需求的教学任务和目标，不仅要提高学生的思想素质和综合素养，更要提高自身的综合素养，适时更新自己的教学观念，树立符合时代要求的教学新观念。学校也该定期对数学教师进行培训。

### （二）更新教学理念，合理利用信息技术

高职数学课程教学时受传统教学理念的影响，数学课程教学效率偏低。通识教育理念下数学教师要转变教学理念，着重培养学生数学学习能力。同时，数学教师可以引入信息技术，丰富数学课堂内容与教学形式，实现多样化教学模式。为了让课堂教学更加直观、生动以及准确，可将信息技术运用到教学中。

高职数学教师及时更新教学理念，根据教学目标和学生实际学习能力设计一个合理的教学方案。同时在整个教学过程中利用信息技术的优势，要求并允许学生到课程网站上进行模块任务查询，加深课堂教学内容的广度与深度。在整个教学过程中教师一定要明确自己的引导任务，根据学生学习能力的不同将其划分为不同的学习小组，同时根据不同的学习任务利用信息技术进行目标探索，全面提高学习效率，保证教学质量。但需要注意的是在教学中引入信息技术一定要注意把握尺度。在设置好教学目标后，还需对教学成效进行预测和评估，之后再对此应用进行反思，思考其设置是否合理、标准。高校数学学习中最关键、最难掌握，也是最重要的内容就是对概念知识的学习，一旦学生将数学概念混淆或者出现记忆错误，不仅在数学知识点的掌握上出现问题，在后面做题时也会一塌糊涂。因此，为了帮助学生明确掌握数学概念，教师在进行教学设计时一定要根据概念教学的内容和需要，为学生安排相适宜的微课教学。

## （三）联系生活实际，丰富课堂教学内容

生活上存在很多数学问题，教师将这些元素挖掘出来，并与数学知识联系开展教学，在丰富课堂教学内容的同时，提高学生利用数学知识解决实际问题的能力。

1. 计算利息类问题。高职学生基本上都会遇到计算利息的问题，如存钱如何获得最大利息化，买车、买房时如何降低利息支付等。

2. 分段函数计算问题。实际生活中分段函数的范围应用较广，常见的如交话费、水电费计算、个人所得税等。

3. 经济图表类问题。现代社会中图表是一种常见表达方式，利用直观方式让观感具体。常见如股市图表、经济数据等。

4. 打折促销问题。现实生活中随处可见打折促销的现象，每个人在消费过程中都会遇到的问题，商家促销的方式种类很多，如打折、现金券赠送，利用数学知识计算出哪一种方式最为优化。

5. 证券回报效益分析。现代资金投资时普遍存在不确定风险因素，任何一种投资都存在风险。通过数学方差计算出平均收益与波动情况，以做出正确决策。

## （四）选择合适方法，转变课堂后进学生

对于高职学生来说，老师的表扬十分重要，这是一种促进学生学习的动力，老师要及时发现学生在预习中的进步，提出表扬，让学生有动力。对于学困生来说，老师要付出更多的精力，还要有耐心地帮助学困生。可以结对子，让优等生帮助学困生，促进他们共同进步。在课堂上也要给学困生更多的机会来表现自己，把学生学习的兴趣充分调动起来。预习是一种好的学习习惯，对于学生来说是一生受益的，但是好的学习习惯需要较长时间的坚持才可以形成，教师这时就必须进行督促工作，久而久之，学生良好的预习习惯便能形成。检查的方式多种多样，如老师可以进行随堂抽查，对简单的问题进行提问，如果没有回答出来就证明没有好好预习，上课让同学讲知识，讲得结结巴巴的同学肯定没有认真预习。老师也可以将全班同学分成小组，由小组长进行逐个检查，然后进行分组讨论自己的预习结果，通过这样的方法，可以充分地了解学生是否进行了预习。现阶段高职数学课堂上互动教学模式得到了广泛应用，但依然有部分教师采取传统教学模式，不思进取，没有主动改变教学方法的意识，使得数学课堂教学效果不理想，需要及时采取优化措施。数学教师要定期开展教学反思活动，通过反思提升教学水平，创新课堂教学方式，显著提升数学教学质量与效率。数学课堂上教师要多和学生互动，通过设计课堂问题的方法实现双方高效互动，拉近师生之间的关系，全面落实通识教育理念。

### （五）丰富评价方法，落实同时教育理念

教学评价直接影响到教学质量，因此要高度重视相关问题。高职数学教学中落实通识教育理念，需要对教学评价方法进行创新。教学评价中不同人员处于不同位置，看问题的角度不同，评价的结果也存在差异。评价教学质量时要与传统教学评价方法融合，丰富教学评价方法。数学教学依据实际情况选择合适的评价方法，如互评、自评、点评等。同时，还可以引入校内评价、校外评价方式，构建科学合理的评价体系。高职数学教师在教学计划中规划评价方式，并对学生各方面情况进行考核，实现全方位覆盖，促进高职数学教学效率的提升，奠定通识教育理念落实的基础。

在对高职学生数学课程进行考核时，不仅要注意对学生基础理论知识的考核，同时还要推陈出新，引入发展性考核方式对学生进行综合考核，其中包括对学生的课堂表现、数学创新能力和综合素养等的考核。教师在对高职学生进行数学教学时，不仅关注学生的理解能力和实际掌握能力，还要考查和重视学生利用数学知识解决实际问题的能力，根据所学知识点设计合理的课堂提问，帮助学生理论联系实际，最终实现思维的发散。最后，考核的最终成绩应为学生的数学课堂表现、理论知识掌握能力、实践阶段表现、综合实践能力、发散思维和创新思维等方面的全方位综合考评。

综上所述，高职数学教学改革中引入通识教育理念，要结合教学实际情况选择合适的教学方法，持续推进教学改革，改善传统课堂教学中存在的问题，大幅度提高高职数学课堂教学质量与效率。

# 第四节　生本教育理念下的高职数学教学

## 一、生本教育的概念及其教学原则

生本教育的目的就是改变学校现有的教学理念，提高教学效率。简单来说，生本教育就是以人为本的教育，是将学生置于教学主体的教育理念，以生为本、尊重学生、自主学习、先做后学、先会后学、先学后教、少教多学、以学定教、不教而教就是生本教育的主要理念。跟传统的师本教学理念相比，生本教育是一种全新的、符合学生需求的教育理念。高度尊重学生，一切为了学生就是生本教育的唯一宗旨。在教学过程中，教师不要过多地干预学生的学习，应以培养学生的自主学习能力为主，教师在课堂上只起引导作用，而不是教学的主体。为学生创造学习情境，必要时给予学生适当的指导，引导学生自主学习，逐步强化学生的自我意识等是生本教育理念下教师的职责。因此，少教多学、先学后教、以学定教就是生本教育的教学原则。

## 二、高职数学教学以生本教育理念为指导的必要性

高职院校是培养技术型人才的重要基地,办好高职教育是提高我国技术型人才专业技能的重要途径。数学学习是绝大多数技术人才成长的"必经之路",因此,高职教育要以生本教育理念为指导,促进高职数学教学的进一步发展。做好高职数学教学工作,培养高技能专业人才要求高职数学教学要坚持以人为本的生本教育理念,同时,生本教育理念又是高职数学教学良性发展的基础。人是行业发展的核心,决定着行业发展的方向和速度,高职数学教学只有做到以学生为中心、尊重学生,才能取得应有的效果。此外,生本理念有助于高职学生树立正确的人生观、价值观、世界观,这也是在高职数学教学中贯彻生本教育理念的重要原因。对高职院校来说,只有正确定位学生、定位学校,才能有效地开展教学改革,提高教学质量。以学生为中心的生本教育能有效帮助高职院校了解学生的知识水平、知识结构、性格特点等,进而提高高职数学的教学效果。

## 三、生本教育理念下高职数学教学改革的策略

传统的高职数学教学虽然也能或多或少地对学生进行启发和引导,但这种启发和引导是建立在事先设计好的教学模式上的,忽视了学生学习新知识时最佳发展区的构建,这就在无形中让学生失去了学习数学的兴趣。此外,由于高职学生数学基础比较薄弱,在高职阶段学习数学时就比较吃力。传统的高职数学教学方法不能充分激发学生的学习兴趣,导致高职数学教学效率低下,学生的数学素养不高,最终导致培养的技术型人才素养较低,不能很好地承担工作任务。在这种情况下,以学生为中心的生本教育对改变高职数学教学现状、提高学生学习数学的兴趣是十分有效的。在生本教育理念的指导下,高职数学教学要积极主动地引导学生进行探究学习和合作学习,提高高职学生的学习主动性。

### (一)营造张弛有度的数学课堂氛围

学习是一个发现问题、改正问题、获得知识的不断循环的过程。在此过程中,教师要张弛有度地管理学生,特别是在数学教学中,因为数学是一门科学,不是靠死记硬背或者题海战术就能学好的,学习数学不仅需要方法,更需要良好的师生关系和学习氛围。高职学生的数学基础比较薄弱,而高职数学又比较枯燥、复杂,所以,高职数学教师要为学生营造一种张弛有度的学习氛围。对于一些可探究的数学问题,教师可以让学生分小组自主探究,面对一些比较复杂的数学知识,就需要严肃一些的氛围,以激发学生的思维创造力,让学生高度集中注意力,提高学生的学习效率。

### (二)激发学生学习数学的兴趣

俗话说:"兴趣是最好的老师。"在数学学习中也是如此,只有对数学学习产生兴趣,才能学好数学,对于数学基础比较薄弱的高职学生来说更是如此。学习数学这门学科,需

要有浓厚的兴趣才能学好、学精。因此，要想在高职数学教学中应用生本教育理念，高职数学教师在进行数学教学时，就要通过各种途径激发学生学习数学的兴趣。例如，积极向学生展示数学中所蕴含的美，如对称美、统一性之美等；还可以根据教学内容，利用多媒体等教学辅助手段为学生创造学习情境，对高职学生来说，如果在学习数学的时候有具体的情境作为支撑，他们就能更快更好地学习数学、学会数学。例如，在学习向量这节内容的时候，教师可以利用多媒体向学生展示象棋棋盘，让学生体验"马走日、象飞田"的位移，以此让学生了解向量的概念、大小及方向。

### （三）选准基点导入知识，让课堂变学堂

生本教育倡导的是先做后学、先学后教的教学原则，这就要求高职数学教师在进行教学的时候，在给学生介绍完基础性知识之后，让学生围绕问题体验数学学习，以前期所学习的知识作为基点，帮助学生掌握新知识。这就需要教师要找到正确知识导入点，导入知识时做到"快、准、狠"。教师在选择知识导入点的时候，不仅要考虑到学生已经学过的知识，还要考虑到学生的其他实际情况，如生活环境、已有的知识经验、最近发展等。在学习正切函数的时候，教师可以选择已经学过的正弦函数和余弦函数作为切入点。教师要适时地将课堂变成学堂，发挥学生自主学习的能力和潜力，让学生在前置性学习之后获得讨论交流的机会，充分发挥学生的主动性；教师还可以让学生在讨论之后走上讲台，将得出的结论讲给其他学生听，并说明自己的理由，这样还能帮助学生深化知识的学习，锻炼学生的表达能力和合作能力。

### （四）提倡学生自主学习

自主学习是生本教育大力倡导的，没有学生的自主学习，以学生为本的教育理念将会被架空，生本教育也会成为无稽之谈。因此，高职数学教师要改变传统数学教学中满堂灌的教学模式，给予学生自主探究的机会，实施自主内化的教学方法，贯彻"自主学习、自主探究、自主内化、自行巩固"的数学学习方式，帮助学生形成系统的数学知识结构网，这样能最大限度地调动学生的学习主动性。需要注意的是，高职学生的数学基础比较薄弱，在自主探究学习的过程中很有可能会遇到很多障碍。因此，教师要针对学生的实际学习情况进行适当指导，不能放任不管，否则会适得其反。例如，在学完三角函数的时候，教师可以利用学生的好奇心设置题目：三角函数是属于三角范畴还是函数范畴？让学生进行自主探究。

生本教育是一种以学生为本的教育理念，它从根本上要求教师改变传统满堂灌的教学方式，形成以学生为中心的现代教学理念。高职数学教学应用生本教育理念，不仅能让学生感受数学之美，对数学学习产生兴趣，还能发挥学生的主体性和自主探究能力，巩固知识，以获得高职数学教学效果的最大提升。

# 第五节　深度学习理念下的高职数学课堂教学

数学本身就是一门逻辑、结构极为严谨的学科，职业院校学生在数学学习上容易走两个极端：一类是学生主观认为数学非常复杂，没有真正接触这门课程的时候产生了畏惧心理，认为其中的知识点复杂且烦琐；另一类学生在高中阶段的数学成绩好，形成了良好的规律，所以认为知识非常有趣。在新时期下的课堂教学反馈实践中，利用多元化教学方法可以调动学生的参与热情，并维持后者的学习动力，让高职学生能够进入深度学习的状态中。

## 一、学情分析

### （一）学生情况

随着高职学校规模的扩大，生源也愈加复杂，学生的基础不同，对待学习的态度也存在一定的差异性，所以如何分类教学是重点。就数学课堂反馈实践情况而言，任何课程只有通过反馈信息，才能实现有效控制，同样，在数学课堂教学中利用信息反馈，正确协调教、学的关系，是提高学生数学成绩的关键所在。

### （二）学科特点

高职数学是一门必修课程，一方面，数学中的基本概念和解题技巧，使得学生能够掌握一些重要的技能，用于解决实际问题；另一方面，在各个教学环节中培养学生的推理能力和数学思维。高职数学实际上也是素质教育全面实施的一部分，对于激发学生的创新思维具有促进作用，所以在课程设置上，不仅要覆盖基础知识，还应该确保专业的统一性，将不同层次的学生涵盖在内，具备选择性、灵活性。实用和创新兼并的课程体系主要体现在三个方面：基础型（微积分学、积分学等）、扩展型（概率统计、积分变换等）、专题型（计算机数学实验）。从新课程的基本特点来说，这种课程体系既能培养学生的创造性思维，又能扩大数学知识信息。从运用效果来说，在导入知识的过程中结合具体案例，对实际问题进行综合性的探讨与分析，引导学生借助数学公式去寻得正确答案。同时，将现代化的数学理念融入课程体系中，如线性、数值化等问题，然后对基础性的知识点进行必要的扩展与延伸，这样也能培养学生的创新性。

## 二、深度学习理念下高职数学课堂教学反馈的实践策略

### （一）从课堂反馈的主体出发——构建和谐的师生关系

教学活动中，学生是课堂学习的主体，需要主动参与到数学活动中，将课堂信息"内化"为自身的认识系统，教师的教则是为学生服务的，两者需要进行双向沟通，因此，课

堂上要激发学生主动参与和思考，重视高职生的反馈，并始终将反馈信息落实到教学过程中。教师在课堂教学中，不仅要建立融洽的师生关系，还要营造出一种浓厚的课堂氛围，积极和学生进行交流，耐心倾听他们的想法，并对学生的相关情况进行反馈，如点头、重复阐述正确答案。当学生自主学习的时候，教师也要积极观察学生的作业完成情况，在自由、平等的关系中进行更为深入地探索与交流。

案例 1：已知 $9\cos A+3\sin B+\tan C=0$       ①

$\sin^2 B-4\cos A\tan C=0$       ②

求证：$|\cos A|\leqslant 1/6$

给出题目后，让学生分组讨论答案，教师则是在黑板上给出对应的解题思路，从最终各个小组的答案呈现结果看出，各个小组给出的答案不同，而且有个小组的学生始终坚持自己的求证思路。教师反复向学生口头表述，希望以理服人，使得学生认同自己的看法，但是不论教师费了多少口舌，学生却始终不接受，教师最终无奈说了句，以后会明白的，接着开始后续的教学⋯⋯对于函数这方面的知识，本身就比较复杂和抽象，师生在解题过程中出现思维不统一的情况时，教师应该给出论证依据，只是过分的理论阐述这样往往是适得其反。

这道论证题其实有三种方法，如解法 2 是将①变形得到 $\tan C=-(9\cos A+3\sin B)$ ③，接着将③带入到②，整理后得到 $(6\cos A+\sin B)^2=0$，即 $\cos A=-1/6\sin B$，最终证明得出 $|\cos A|\leqslant 1/6$。这种方法相对而言，变形目的更为简单和清晰。如若在课堂教学活动中，解题方法存在差异的时候，让学生仔细说出信息得到的过程和细节，接着教师根据学生的描述判断是哪个环节出现问题，并让他们重新验证，多次后分析结论正确。整个过程中，教师应该给予适当修正和感悟，对于其他学生，从多个角度认知两者的差异性，学生是发展中的人，心智尚未成熟，而且受到已有知识水平的限制，解答数学题时难免会出现错误。数学教师则是应该认真倾听学的反馈，剖析他们在解题中存在的问题，认识思维形成的过程，这样才能帮助学生进行更为深层次的思考。

## （二）从课堂反馈的目的出发——明确学习过程和结果

学习不能只是依靠表层的兴趣，而是应该找到持久的动力，这才是学习存在的价值，学生一旦有了学习的动机，就会主动参与其中，即便是遇到挫折也不会放弃。结合职业教学的特点，教师从课堂反馈的目的为出发点，明确学习的过程和结果，如在"平面向量"的课堂教学活动中，教师首先让学生分析教材，从书中可以学到什么知识，接着大家相互交流，针对不懂的问题进行综合讨论。学生 A 直接复述教材中向量、矢量的概念；学生 B 直接说出向量的表示方法⋯⋯实际上这些知识在教材中已经有简要阐述，教师片面地认为这些理论知识点学生可以通过自学获取。但是殊不知，学生只知道根据教材上知识点的形成来分析、了解直观的部分，如若教师进一步提问，如向量 $\vec{a}$ 在点 $x$ 与 3 上，向量 $\vec{b}$ 在点 $-2$ 与 5 上，且向量 $\vec{a}$，$\vec{b}$ 的夹角是钝角，求出 $x$ 的取值范围。会回答的学生很少，这就表明大部分学生对知识的形成过程无法通过教材中静态的课本理解，而是需要凭借动手操作，逐渐实现知识内化。

简单的公式概念让学生通过记忆的形式，并将其应用其中，但是这样所学到的知识，学生只会生搬硬套，题目一旦变化就不知道如何应对。因此，教师组织一些实践活动，让学生认识到高职数学知识在现实生活中的应用价值，促进学生智慧的形成，并让他们认识到动手操作的意义，体会到成功所带来的乐趣。例如，在讲述集合定义的时候，教师引导学生主动列举生活中的实例，如漂亮的裙子、班委学生等，分析这些例子中的对象能否组成集合，接着用自己的话总结集合的定义、特点，再次引导学生和教材中的案例进行对比。所以，学习抽象的数学概念时，不能按照教材上的案例，而是应该选择一些恰当且新颖的例子，这样就算真正掌握了数学知识。也就是说，教师在课堂教学反馈中，不仅要关注基础知识的获取情况，也要认识到数学知识的形成过程，主动培养学生的联想能力，关注他们思维的形成结果，处理教学反馈中学习过程和结果的关系。

## （三）从课堂反馈的范围出发——明确全体和个体的关系

职业学校的数学课程应该以面向所有学生为主，使得每个人拥有良好的数学教育，不同的人在数学上也会有不同的发展，因此，高效的课堂教学也要关注全体和个体的双向发展。而且学生文化基础差、自主学习能力差，如若没有对学生的反馈信息加以分析，引导学生对关键内容进行有效整合、沟通，学生也难以认识到这些信息之间的异同点。例如，水流的方向是从东向西，其流速是每秒 2 米，水中有一艘船，流淌的方向是向北，速度也是每秒 2 米，如何算出轮船的实际航行方向和船流动的速度？ $a$ 为向西的方向，$b$ 为向北的方向，且实际流速大约是每秒 2.8 米，实际航行的方向为西北。教师在教学中，应该让学生多结合应用素材，如在菜市场买菜，蔬菜的数量可以用向量 $\vec{a}$ 表示，价格可以用向量 $\vec{b}$ 表示，就可以算出应该付的金额。

这些案例在日常教学中的应用是非常普遍的，当学生给出了教师预设的答案后，不能匆忙收场，而是应该根据反馈信息进行综合分析，给学生提供充足的机会和时间，让学生的个性化思维得到全面展示。同样，教学过程中，将问题具体分析，从而提高每位学生解决问题的能力。教学方法上，要注重多形式的教学，让学生积极交流，遇到困难的平面向量题时，可以根据学过的正弦定理和余弦定理进行判断。深度学习理念下课堂反馈应该面向各个层次的学生，了解优等生、学困生的基本情况，结合教学目标制订完善的教学方案。除此之外，课堂反馈信息尽量建立在全面的基础上，重视对学困生的关注程度，在他们探索知识的过程中，将结果反馈给全班学生，不断提高他们学习的信心，实现全体和个别的有效双向发展。

深度学习理念下高职数学课堂教学效果的好坏很大程度上取决于教师课堂反馈是否恰当，数学教师应该结合学生的心理特点、兴趣爱好等，及时输送一些正确的信息，并根据学生反馈的信息进行有效处理，激发学生主动学习的欲望。只有这样，才能真正优化课堂教学，构建以学生为主体的立体化数学课堂，彰显深度学习理念的实施价值。

# 第四章　高职数学教学设计

## 第一节　整合思想与数学教学设计

### 一、教学设计基本概念及理论基础

#### （一）数学教学设计

史密斯和雷根认为："教学设计是指运用系统方法，将学习理论的原理转换成对教学资料和教学活动的具体计划的系统化过程。"何克抗认为："教学设计是运用系统方法，将学习理论与教学理论的原理转换成对教学目标（或教学目的）、教学条件、教学方法、教学评价等教学环节进行具体计划的系统化过程。"

数学教学设计指教师根据学生的认知发展水平和数学课程培养目标来制定教学目标，选择教学内容，设计教学过程各环节的过程。教学的目的是要缩小学生实际水平与教学目标之间的差异，学生的数学认知结构决定了数学教学过程的进程和层次，教学设计要使学生由不会学发展为会学，由依赖教师发展为部分依赖或不依赖教师。所以，数学教学设计的思路必须以学生当前状况及学习类型为起点，以目标为导向，综合有效利用各种教学资源，设计人人主动参与的教学活动，并在教学活动中检验其学习成果。

#### （二）数学教学设计理论基础——建构主义学习理论

建构主义学习理论的基本观点是：学习是个体基于已有学习基础（智力与非智力），在一定的情境下，通过主客体的互动，积极主动地建构个人心理意义的过程（皮亚杰）。

建构主义提倡在教师指导下以学生为中心的学习。数学认知结构是一个复杂的系统，它不仅包括数学本身的学科知识，而且受到生活经验和其他学科知识直接或间接的影响，导致数学学习过程中，不同学生对同一数学知识的理解会有不同侧面以及深刻程度上的极大差异。学生只有自主参与学习活动，主动将新知识与原有认知结构建立联结，通过重组和改造形成新的认知结构。学生在操作、交流和智力参与过程中主动建构，循序渐进地同化新知识、构建新意义。学习数学是一个主动建构的过程，学习者在一定情境中，对学习材料的亲身经验和发现过程才是学习者最有价值的东西。

### （三）教学设计评价依据

教学设计的好坏主要体现在：是否激发了学生学习的动机、是否促进了学生的学习、是否落实了教学目标的要求。目标上，强调知识与技能、过程与方法、情感态度与价值观的三位一体，要关注知识技能的形成过程和学习方式的多样化。在建构主义学习理论指导下，一个好的数学教学设计，应该能激发学生学习兴趣、帮助形成学习动机、创设的情景符合教学内容要求，同时能提示新旧知识联系的线索，帮助学生建构当前学习内容的意义。在组织讨论与交流形式的协作学习时，教师对过程进行必要的引导，使之朝着有利于意义建构的方向发展。好的数学教学设计，要引导学生采用探索法和发现法建构知识的意义，引导学生主动收集并分析资料，引导学生大胆提出各种假设并努力验证。

学习不仅要用大脑思考，而且要用眼睛观察、用耳朵倾听、用语言表达、用手操作。所以，一个好的数学教学设计，应该是能充分调动学生多感官协同工作的完美组合。能充分揭示概念形成的思维过程，揭示结论的发现过程，揭示问题解决的思路及探索过程。使学生通过学习，掌握数学思想方法，形成数学能力，发展数学思维，提高问题解决能力。

## 二、整合思想下进行数学教学设计

整合的精髓在于将零散的要素组合在一起，通过某种方式彼此衔接，从而实现信息系统的资源共享与协同工作，最终形成有价值、有效率的一个整体。

### （一）整合教学内容

教材是教学内容的主要来源，所以教师必须首先吃透教材，要对教学重难点、新旧知识的连接点和生长点进行深入分析。教师要根据《数学课程标准》纲领性理念"人人学有价值的数学，人人都能获得必需的数学，不同的人在数学上得到不同的发展"对教学内容进行整合。整合教学内容时必不可少的需要对教材进行必要的删减或增补，对于繁难旧的内容进行适当取舍和重组，同时结合生活和专业中相关知识背景，创设相应问题情境激发学生兴趣引起学生思考，引导学生自主探索、合作交流。内容安排上以由简到繁、由易到难、螺旋上升的方式循序渐进地推进，要有利于学生主动建构新旧知识间的连接和意义。

教材限于篇幅和体系的限制，部分内容被简化甚至留白。整合教学内容，不要故意把这些看不见的留白暴露出来，让学生经历"再创造"过程。做习题是使学生掌握知识、形成技能、发展智力的重要手段。教师若能对习题进行适当的延伸，以变式的形式对原有习题进行再创造，必然可以更深层次的挖掘和深化习题的丰富内涵，对培养学生思维的广阔性、灵活性和创造性都是大有帮助的。教师可以利用习题设计出多种形式的练习，将前后知识进行必要的串联，或启迪思路注重方法，或引申问题丰富内涵，或串联知识一题多解，或解后思考扩大成果，或归纳题型总结规律，让学生在做习题过程中进行有目的的思考，提高课堂效率且训练学生思维能力。

## （二）整合教学方法

宏观上讲教学方法主要有：一是以语言形式获得间接经验的讲授法、谈话法、讨论法和读书指导法。二是以直观形式获得直接经验的演示法、参观法。这两种方法一般都得与语言形式的教学方法配合使用。三是以实际训练形式形成技能、技巧的练习法、实验法和实习作业法。"教学有法，教无定法，贵在得法"，每一种成型的教学方法都有其显著的优点和略显瑕疵的局限，教师实际教学时不能拘泥于采用哪一种固定的教学方法，而应把握各教学方法的特点、作用、适用范围和条件以及应注意的问题等，遵循教学规律和原则，对教学方法进行系统整合优化使用。

整合教学方法受教学目标和内容、学生实际认知水平，以及教师个性心理特征等因素的影响。只有选择最适合某课的教学内容、最适合学生的认知实际、最符合教师个性心理特征的教学方法，才能最高效率地达成教学目标，使课堂教学达到一个相对完美的境界。整合教学方法最根本的依据是以学生发展为中心，能启迪学生学习的自觉性和主动性，帮助学生建构知识并获得知识和能力、情感态度的共同提高。重视备选方法的层次搭配、主次顺序、相互补充和彼此配合，综合分析后对教学程序进行最优化设计，使学生在规定时间内，以较少的时间和精力，获得最大的发展。

## （三）整合信息技术手段

信息技术手段是指使用和优化信息系统的方法，包括多媒体网络技术、数学相关软件及电子教材等多种形式。信息技术与数学课程整合，是要将信息技术有机地融合在数学学科教学过程中，用来丰富数学课程资源和教学内容，完善课程结构，学生在教材为蓝本的基础上，得到更加全面和丰富的学习资源。将信息技术运用于课程实施过程，使得数学教学更加生动有趣和直观，更能贴合学生实际激发学生学习兴趣，并提高学生在信息获取、分析、加工、交流、创新和实践方面的能力，提高学生的思维能力和解决问题的方法。

# 第二节　趣味教学与数学教学设计

"趣味是生活的原动力，趣味丧掉，生活便成了无意义……既然如此，那么教育的方法，自然也跟着解决了。"近代思想家梁启超提出了趣味教育思想，他认为："要使学生喜欢数学，爱学数学，必须让学生觉得数学有趣。"数学趣味教学以学生的心理情趣为主导，通过趣化数学，寓教于乐，激发学生的数学学习乐趣，提高学生自主学习动力，提升学生学习能力和数学学习效果。

## 一、数学趣味教学的价值

数学是一门研究数量关系与空间形式的科学，具有极强的抽象性，容易给学生一种单调枯燥的感觉，教师要趣化设法数学内容，优化数学教学方式，使数学课堂变得生动有趣，充分调动学生的自主学习欲望，提高学生数学学习的积极性。数学趣味教学主要具有如下价值：

### （一）营造快乐自由的氛围

传统数学课堂的应试教育味道较浓，教师以知识教学为主，以讲授灌输为手段，师生之间是单向的授受关系，缺少情感的交流，学生心理紧张压抑，课堂上师生互动交往较少，气氛比较沉闷。趣味教学能够营造快乐自由的氛围，通过各种方式使理性的数学感性化，让冰冷的数学充满温度，让数学课堂成为趣味课堂，这样学生的心情就愉快了，活动更自由了，更愿意主动与教师、同学互动交往了。宽松的学习氛围、和谐的师生关系，使课堂充满温情与活力，学生的学习欲望得到充分激发。

### （二）提升数学学习质效

趣味数学课堂充满情趣，学生的学习心理达到最佳状态，学生乐于探究，真正变成学习的主人，学生的探究自主性得以充分发挥，进而提高学习效率。趣味教学不仅优化了师生关系，而且优化了教学方式，不仅让数学课堂充满乐趣，而且使数学学习轻松高效。丰富而有趣的数学探究活动，主动参与的探究式学习，让深奥难懂的数学知识变得简单易懂，使学生的数学思维得到充分激活，数学学习质效得以大大提升。

### （三）催发学生创新潜能

"唯有创造才是快乐，只有创造的生灵才是生灵。"创造性是趣味教学的一大特征，趣味教学以趣激创，为学生的个性发展提供了舞台，为学生创造种子的萌发提供了条件。趣味课堂环境宽松自由，推动学生积极思考，让学生插上想象的翅膀，助推学生发散思维，助力学生理解数学。趣味课堂教学方法与学习方法多样化，有利于学生自主创造，满足学生的创造欲望，催发学生的创新潜能，培养学生的自我创新能力。

## 二、数学趣味教学的策略

引趣是数学趣味教学的关键，数学趣味教学变革了传统的教学观念和教学方法，教师通过创新课堂教学手段和方式，可以构筑快乐学习环境，激发主体探究性，激励自主创造性，提高教学质效性，提升学生数学素养。笔者在教学中摸索出设置趣味情境、设计情趣活动、设法趣化评价等策略，实现有效引趣、以趣启智的效果。

### （一）设置趣味情境

精彩课堂从情境开始，情境教学具有仿真性、趣味性、互动性等特点，旨在通过创设具有情绪色彩的场景，引发学生的情感体验，激发学生的好奇心，促进学生主动参与学习。基于学生心理是有效创设情境的关键，教师从学生的兴趣点出发，进入学生的内心世界，了解学生喜欢什么、需要什么，这样创设的情境才会更有效，才能更好地将学生引入情境，使学生不知不觉地自动进入情境，以主人翁的姿态积极投入学习。

## （二）设计情趣活动

建构主义理论认为："学习应当是学习者主体的一种有意义的自主建构。"这就要求教师为学生提供有趣而有意义的学习活动，让学生发挥学习的主体性，在有意义的数学活动中自主探究，在实践体验中理解，在理解的基础上建构。数学活动情趣化，旨在使枯燥的数学学习变得生动有趣，以激发学生的学习热情，促使学生积极主动地投入探究活动。数学活动趣味化，还在于使复杂的数学简单化，助力学生思维，使学生在有效思考中揭晓问题的答案。

## （三）设法趣化评价

教学评价是对教师的教和学生的学的价值判断，评价能够对教学起到诊断和激励的作用。评价学生是其中一个重要的方面，好的评价不仅能够促进学生知识、能力的增长，而且能够愉悦学生心情，点燃学生情趣，增进学习动机，推进学习深入。

"兴趣是最好的教师。"趣味教学是数学教学的必经之路，教师应谨记爱因斯坦的教诲，深刻认识趣味教学的价值，深入探究趣味数学策略，在数学课堂中实施趣味教学，巧妙引趣启智，让学生在趣味课堂中快乐学习，提升数学素养。

# 第三节　翻转课堂与数学教学设计

随着信息技术的发展，教学模式、教育技术手段也越来越多样化。慕课、微课、翻转课堂正逐渐成为教学形式的重要组成部分，学生通过网络平台，可以获取大量的学习资料，甚至可以获得相应的学习证明。在众多信息教学形式中，翻转课堂以它独特的优势，受到了教师与学生的欢迎。相比于慕课这种以自学形式为主，辅以网络交流、讨论的大规模网络开放课程，翻转课堂更适合课堂教学模式，尤其适合小班额教学，既有自学的灵活性，又有课堂教学的严谨性。

## 一、翻转课堂

### （一）翻转课堂的起源

翻转课堂也被称为颠倒课堂，它起源美国林地公园高中，推广于萨尔曼·可汗的可汗学院。该教学模式的首创者提出学生真正需要教师帮助的时候，是在遇到问题无法解决的时候，而基本知识的传授完全可以通过课下学生自学来完成。借助微视频教学，学生可以在课下的时间内完成基本知识的学习，并发现自己的问题；然后在课堂教学的过程中，让学生提出问题，并帮助他们解决。这就是翻转课堂的教学理念和教学模式。

## （二）翻转课堂的结构

把传统的学习过程翻转过来，让学习者在课外时间完成针对知识点和概念的自主学习。课堂则变成了教师与学生之间互动的场所，主要用于解答疑惑、汇报讨论从而达到更好的教学效果。美国富兰克林学院数学与计算科学专业的 Robert Talbert 教授经过多年应用翻转课堂模式教学后，总结出翻转课堂的结构。一部分是课前，另一部分是课中。课前包括观看视频还有针对性的练习。课中包括快速少量的测评、解决问题、促进知识内化并总结反馈。在课前观看视频的同时，学生在视频中的收获和疑问进行记录，同时学生要完成教师布置的针对性课前练习，以加强对学习内容的巩固并发现学生的疑难之处。在课中阶段中的探究测评环节，首先，教师了解掌握课前的练习的成果和程度，在此基础上教师需要根据课堂内容和学生观看教学视频和课前练习中提出的疑问总结出一些有探究价值的问题。教师作到把尊重学生的独立性贯穿于整个课堂的设计，让学生在解决问题中构建自己的知识体系，这里就涉及到课中的小组合作讨论环节。小组讨论的开展是学生自主构建知识体系的基础。作为教师在学生小组谈论的时候给予指导和纠正。在课中最后的总结和反馈中，教师应最重点明课堂的知识要点。

## （三）翻转课堂的特征

### 1. 内涵特征

翻转课堂以建构主义和掌握学习理论为指导，以信息技术为依托的。教师要根据教学目标进行视频制作，学生在观看视频教学后要回到课堂上与教师进行互动，师生之间答疑解惑、探索交流、分享成果来达到预期的教学效果。它并没有完全脱离课堂教学，而是通过形式的颠倒激发学生的学习主动性。翻转课堂是对传统的教学模式进行了颠覆，从教师传授转变为帮助学生进行知识内化。

### 2. 结构特征

翻转课堂的结构特征体现在课堂时间的重新分配、教师和学生角色的转变上。学生真正成为学习的主体，而教师成为学生学习过程的参与者，为学生提供资源信息、进行学习辅导和答疑。翻转课堂的理想状态应是学生在课堂上表现活跃，相互提问并解答，生生之间、师生之间交流充分、互动有效。翻转课堂的表现形式应是灵活多样的，根据学习阶段的不同、教学目标的不同，采用的多媒体形式、信息技术等都应随之变化。

### 3. 实际意义

翻转课堂是教学模式的转变，因为教学形式新颖，学生参与环节多，充分调动了学生学习的积极性，调节了课堂的教学气氛，提高了教学效率。同时，充分加强了学生的自主学习，不同的学生在学习的过程中产生不同的想法，提出不同的问题，在课堂交流环节内进行沟通交流，可以使学生更好地完成知识的内化。

## 二、翻转课堂与数学教学结合的必要性

翻转课堂为何要与数学教学结合，主要有以下这几个方面的原因：

### （一）顺应时代的发展趋势

现代化技术的蓬勃发展不仅对我们的物质生活产生了很大的影响，其教育的发展也带来了活力与变革。在微课、MOOC等视频媒介的基础上，翻转课堂的教学模式也逐步出现在各个国家的数学课堂之中。

### （二）遵循新课改的要求

在传统的课堂教学中，教师重知识的传授而忽视了学生的主体性，但新课改要求"以学生为主体"，促进学生全面而有个性地发展。因此，新时代的教师应不拘一格，采用更有益于学生发展的方式，从而使学生在数学课堂教学中更能充分发挥其主体性。

### （三）翻转课堂自身的优势

第一，以互联网和计算机为依托，教师借助各种教育技术，制作短小精悍的教学视频，学生就能根据自己的时间和情况来安排学习。第二，学生通过在家或课外看教师的视频讲解进行学习，不用担心因为在课堂上漏听了知识点，也不会因为是在课堂上集体授课而神经紧绷，有助于学生更热爱学习。第三，先让学生自主学习，教师再进行教学，教师可以根据学生自主学习的反馈情况了解学生疑惑的地方在哪里，从而更好地决定第二天教学的主要内容，实现线上线下的结合。第四，学生在课后可以无限次地复习这些知识点。

## 三、基于翻转课堂模式的设计与分析

基于翻转课堂模式的授课与传统教育不同，其教学方法采用以学生自主学习、讨论交流为主，教师教授为辅，充分体现以学生为主体的理念，在培养学生抽象思维能力的同时还提高了学生的合作交流、敢于提出问题的能力。具体的教学过程如下：

### （一）课前

让学生自主选择合适的时间段结合课本进行学习，帮助学生更好地理解和掌握该知识点，并将学习中遇到的难以理解的问题、学习情况汇报至小组组长处，让小组组长汇报给教师，便于教师了解学生课前学习的情况，更好地决定和设计课堂上的教学内容和教学过程，充分利用课堂上有限的时间让学生提出自身的观点，为同学们答疑解惑，帮助其发展思维和提高合作交流能力。

### （二）课堂

在课堂上，教师将课前学习的情况向学生们进行说明，并将学生遇到的问题一一列举至黑板上，教师在必要的时候加以讲授辅导，帮助教师在完成教学任务的同时，还能让学

生成为学习上的主人，在培养他们抽象思维能力的同时，还能培养他们敢于提出问题、敢于质疑的批判性精神。

### （三）课后

经过课前的微视频学习和在课堂上教师的讲授与师生之间的讨论交流这两个环节，学生在理解和掌握知识之后，自主完成教师所布置的作业，如若作业中存在尚不理解的问题与知识，可在微信群或者 QQ 群跟教师进行请教，以便及时解决，也可多次观看微课视频，复习和巩固知识点。

## 四、基于翻转课堂模式的数学教学策略

### （一）制作微课，编制合理的调查问卷，组建班级学习交流群

教师在正式上课之前，应提前制作好简洁精练的关于这一节课内容的微课视频和编制检测学生通过课前学习所掌握的知识程度的调查问卷，或者通过网络找出相关知识的学习视频，上传至微信群、QQ 群等这些已经组建好了的班级学习交流群中，并且要保证班里的每一位同学都已经加入了这个交流群，确保每一位学生都能接收到教师所下达的通知。这有助于翻转课堂教学的顺利实施，也是实现线上线下互动交流的重要桥梁。

### （二）实行组长负责制，分发课前学习任务

交流群建立好后，实行组长负责制。根据班级人数情况，自由分成每组 4 至 6 人的小组，并选出每组的小组长，进行分组学习讨论，每位小组长还可以根据自己小组成员的意愿再建立一个小组学习讨论群，以便于小组学习讨论和交流。教师将微课视频和课前学习的要求、任务以及检测学生课前学习的调查问卷上传至班级学习交流群中，让每位同学按时学习，并将学习后觉得疑惑的地方经小组讨论后仍未能得到解决的知识点上报给小组组长，小组组长及时记录并叮嘱学生填写检测课前学习情况的问卷调查。

### （三）根据学生反馈的情况，制订课堂教学计划

小组长将各自组员课前学习的情况以及调查问卷汇报给教师，教师可根据每位组长汇报自己组员觉得疑惑的知识点和每位学生填写的问卷调查，了解每位同学的课前学习情况，从而更好地决定和计划课堂上的教学过程以及要讲授的重难点内容，并鼓励学生说出自己觉得困惑的疑难点和对这些问题解决的想法，鼓励学生敢于提出和质疑其他的观点，师生一起探讨和交流，形成浓厚的课堂学习气氛，在充分体现学生的主体性，让学生成为真正意义上的学习的主人的同时，还提高了学生敢于发现问题、提出问题和解决问题的能力，有助于学生在汲取他人观念的同时，又能取其精华、去其糟粕，拥有自己独特的思想和观点，提高其创新性思维。

### （四）布置课后作业，帮助学生查漏补缺

课后作业也是数学教学中的一个重要环节。合理设计布置的课后作业不仅可以检测学

生学习的成果，还可以提高学生的自我认知水平，使其清楚地了解到关于该知识点自己的掌握程度以及依旧存在认知困惑的地方，若能及时请教教师和同学帮助其解开疑惑，也能有效地促进学生对自己学习方法和方式的反思，帮助学生寻找到适合自身的学习方法。除此之外，教师通过布置课后作业，还可以帮助学生巩固所学知识。通过作业提高学生的自信心，从而激发学生的学习兴趣，进而提高数学课堂的学习氛围。可见，不管是传统课堂，还是基于翻转课堂的数学教学，课后作业的布置环节都起着至关重要的作用，是教师们不可忽视的一个重要环节。

### （五）及时为学生答疑解惑，了解学生掌握知识的程度

当学生完成课后作业，如若还存在着疑惑，可通过班级学习交流群或者小组的学习讨论群向教师和同学们进行请教，及时解开疑惑，防止出现因问题得不到及时的解决而导致学生得到的知识片面化和浅显化，也防止学生出现对学习态度的消极转变等问题。在基于翻转课堂的数学教学中可以很合理地处理好这些问题，改变以往传统教学中学生遇到问题而寻解无门的情况，在提高学生学习热情的同时，也更方便教师了解学生掌握知识的程度，更好地促进师生间的交流，让学习和交流不仅仅发生在课堂上，在课堂之外也一样可以，促进师生共同进步、共同成长。

翻转课堂教学模式的普及需要以网络与手机、电脑等移动通信设备为基础，只有在这些媒介的帮助下，才能顺利地开展翻转课堂教学。因此，随着时代的发展和经济、科技的日益进步，这些媒介的普及得以实现，翻转课堂教学模式也有可能遍及世界的每一个角落，普及到每一个学生身上。

未来的数学课堂可能会逐步发展为小班制，一个班级只有10来个学生，在充分体现学生的主体性的同时，也方便教师因材施教。

随着AR与VR技术的不断发展，未来可能将这两项技术用于数学课堂，让学生不仅仅是停留在二维的维度中，还可以去观察和探索三维空间的图形或者图像，实现数学课堂信息化，有助于数学教学的课堂学习气氛和提高学生学习的兴趣。

## 五、数学建模的翻转课堂教学

在当今科技突飞猛进的时代，数学的应用越来越广泛，可以说现在很多学科都已由定性研究变为定量研究。从研究问题背景出发，收集数据、假设并建立数学模型，对模型进行分析、改进、检验，利用计算机进行求解，应用于实践，进一步修改，直到达到完善的程度。这说明，在现代的科学技术中，只有借助于数学，才能达到应有的精确度。

数学建模是用数学的语言通过建立模型去解决实际问题的一种手段。它是对现实客观现象、本质属性进行抽象而又简洁刻画的一种模拟，既可对现实问题做解释说明，又可为某一现象发展提供最优方案。数学建模课程教学内容是非常多的，涉及领域较广，但有授课学时有限，学生知识结构和能力水平参差不齐等问题，仅靠传统的讲授式教学方式已经

远远不能达到我们预期的教学目标。仅靠课堂教学想让学生获取所需要的技能、对知识完全消化理解也是不现实的，传统的课堂教学已经很难满足数模人才培养的需要。在计算机技术迅猛发展的今天，科学合理地利用微课等新型教学手段以及互联网等传播媒介，采取翻转课堂等新型的教学模式能够有效地解决这些问题。在教学中，要不断地利用互联网等手段并寻找有效的教学方法、教学手段以保证提高教学质量。

教学方法、教学手段等要与时俱进，跟上时代的步伐。教学方法、手段有创新，不再是传统的一支粉笔、一块黑板，满堂灌的教学模式，给学生留有独立思考、独立学习的时间，注重引导学生思考问题、讨论问题、解决问题。遵循精讲多练的原则，讲要抓住问题本质、引人入胜；练要练得有的放矢，调动学生自己解决实际问题的积极性，让学生在教师的启发引导下，通过自身努力研究、探索，培养勇于实践勇于探索的精神和解决实际问题的能力。翻转课堂改变了传统的填鸭式教学模式，学生由被动学习变为主动求知。

在翻转课堂教学中，学生利用网络信息技术转变为课堂上的主动探索者，教师的角色变为课堂的组织者。这种教学模式分为课前、课上、课后三个阶段。课前准备部分，主要是教师制作教学视频，发布教学微视频给学生自主观看学习。教师在课前要根据自己的教学内容、教学经验制作教学视频，教学视频内容的选择要尽可能地贴近生活，生动有趣，准备充足的适合本班学生的材料，这将极大地促进学生的学习积极性，有助于培养学生的创新能力和应用能力。学生通过解决这些身边的实际问题来学习利用数学知识，不仅能触动本课程的学习热情，更能激发学生进行科学研究的兴趣。课上活动主要包括师生共同分析问题，讨论问题，然后学生独立解决问题，开展协作探究活动等。

在课后学生看教师的视频讲解，可以自由地选择观看视频的时间、地点，在规定的时间段内观看完即可。这也是因材施教，层次好的学生看一两遍就能掌握学习内容，层次稍差的学生可以多观看几遍视频，不像在课堂上不同层次的学生都听教师讲一遍。学生自己观看视频的节奏快慢完全由自己掌握，听懂了的快进跳过，没懂的倒退反复观看，边看边思考，也可停下来做记录，随时可以发有关问题的帖子来寻求帮助。翻转课堂的好处就是全面提升了教师与学生之间的互动，让学生必须主动参与到学习中，如果不观看视频，在课堂上就无法参与讨论，而教师通过课堂上学生的反应，讨论情况，很容易就能掌握学生是否认真地观看视频并进行独立地思考。及时掌握学生的学习情况，尽快地做出调整。教师的角色已经从内容的呈现者转变为学习的教练，教师需要针对学生观看视频的情况以及学生在网络平台上所反映的问题进行答疑解惑，这让教师有时间与学生交流。

为了满足社会发展对人才的需求，教学改革，一直提倡把学生被动的学习变为主动学习，要把学生培养成应用型的人才，提高其动手操作能力，提高其分析问题、解决问题的能力，培养其创新意识和应用能力，使其把所学用到解决实际问题中，以适应社会的需要。通过解决实际问题来学数学、用数学，并密切结合计算机来实行学习的全新模式。利用所学的方法和技巧，让学生独立完成研究型小课题，以提高其分析问题和解决问题的能力。

"翻转课堂"之所以能被广泛地应用于教学中，主要是因为课堂讨论让学生主动参与到学习中。在翻转课堂教学中，能体现出学生的角色的主动性，突出学生是学习的主体，如果学生在学习中缺乏主动性，翻转课堂中的学习便无法进行。

# 第四节　核心素养与数学教学设计

数学在形成人的理性思维、科学精神和促进个人智力发展过程中发挥着不可替代的作用。数学教育承载着落实立德树人的根本任务、发展素质教育的功能。随着数学课程改革的深化，培养学生的数学学科核心素养已成为数学课程的重要目标。在数学教学中，如何培养学生的数学核心素养，促进学生的全面发展，已成为数学教育工作者的重要使命。数学教学设计是对数学教学活动做出的系统规划和安排，对数学课堂教学起着统领作用，基于数学学科核心素养开展数学教学设计，是数学教学能否落实数学核心素养的关键。本节将从数学教学设计的主要环节出发，对如何基于数学学科核心素养进行数学教学设计，进而实现有效教学做一些探讨。

## 一、数学教学目标的确定，要分析内容包含的数学核心素养

在教学设计中，确定什么样的教学目标是教师首先要思考的内容，它不仅制约着教学过程的设计，也关系着教学方式方法的选择；同时，其也是教学评价的重要依据。数学学科核心素养是数学课程目标的集中体现，是具有数学基本特征的思维品质、关键能力以及情感、态度与价值观的综合体现，是在数学学习和应用过程中逐步形成和发展的。因此，在数学教学中结合教学内容，发展学生的数学核心素养，应成为数学教学目标的重要内容，教师在教学设计过程中确定教学目标时，要能对教学内容包含的学科核心素养进行分析，并有具体的描述。

首先，教师要对数学学科核心素养的内涵有深入的理解。研读课程标准与教材是做好教学设计的前提，在教学设计前，教师要通过对数学课程标准的学习，对数学学科核心素养每一个方面的内涵、表现和不同水平等有清晰而准确的认识。数学学科素养包括数学抽象、逻辑推理、数学建模、直观想象、数学运算和数据分析等六个方面，其中前三个素养是数学学科基本特点的反映，即数学具有抽象性、逻辑的严谨性和应用的广泛性。几何直观、数学运算、数据分析则分别与图形与几何、数与代数、统计与概率三大学习领域相对应。对于具体的一节课而言，教师要在研读教材后，结合学习领域特点，以及它在整个数学知识体系中的位置与作用，分析本节课包含的数学学科核心素养。每一个数学学科核心素养既相对独立，又相互交融，有些课可能重点是某一个核心素养，有的可能包含多个核心素养，教师在确定教学目标时，要结合教学内容有所侧重。

其次，要能运用恰当的行为动词对数学核心素养目标进行具体表述。当确定了某节课

所包含的主要数学核心素养后，还要通过恰当的方式将其在教学目标中表述出来。教学目标作为一节课要达到的目标，其陈述应尽可能明确、可操作、可观察，有些还要可测量，不能过于空泛。教学目标中对数学学科核心素养的描述，应从数学核心素养的表现和不同水平出发，以学习者为主体，运用恰当的行为动词进行具体表述。如教学目标中如果有关于数学抽象素养的内容，不能简单地表述为培养学生的数学抽象素养，可以结合行为动词和教学内容，表述为形如"能在熟悉的情境中抽象出某个数学概念"等较为具体的形式。

最后，教师要对三维目标和核心素养的关系有明确的认识。从目前数学教师教学设计对于教学目标的描述来看，绝大多数教师都是从"知识与技能、过程与方法、情感态度价值观"三维目标来思考和呈现，从数学学科核心素养视角思考得较少。为此，教师需要对三维目标与核心素养的关系有一定的认识。从形成机制来讲，核心素养来自三维目标，是三维目标的进一步提炼与整合，是通过系统的学科学习之后获得的；从表现形态来讲，核心素养又高于三维目标，是个体在知识经济、信息化时代，面对复杂而不确定的情境，综合应用学科知识、观念与方法解决现实问题时所表现出来的必备品格和关键能力。三维目标不是教学的终极目标，而是核心素养形成的要素和路径，教学的终极目标是人的品格和能力。明确了这一点，教师在确定数学教学目标时，才能正确理解三维目标和数学学科核心素养目标的关系，使得教学目标能围绕数学学科核心素养的培养来深入思考，并将其体现在教学设计中。

## 二、数学教学过程的设计，需贯穿"四基"与"四能"

数学教学过程设计是数学教学设计的主体，是对数学教学环节和步骤的思考和安排。一般的数学教学过程设计，重点围绕"双基"（基础知识与基本技能）展开，随着对学生数学学科核心素养的关注，以及未来对学生的创新实践能力的要求，教学过程中仅仅关注"双基"是不够的，还要向"四基"（数学基础知识、基本技能、基本思想、基本活动经验）与"四能"（发现和提出数学问题的能力、分析和解决问题的能力）发展，这就要求教师在数学教学过程设计中，必须贯穿"四基"与"四能"的要求。

对于"四基"而言，前两个方面教师比较熟悉，因此，重点应落在如何让基本思想与基本活动经验落实在教学过程中得以体现。教材是教师教学的重要依据，其中基本知识与基本技能基本处于显化状态，并且可以直接考核，而基本思想更多地则是隐藏在教学内容的背后，作为一条"暗线"存在于教材之中，需要教师通过研读教材，将其挖掘出来，并在教学过程中给以重点设计。

在学生"四能"培养过程中，教师一般对学生分析问题和解决问题的能力比较重视，对于学生发现和提出问题的能力则相对淡化。在教学设计中，教师要认识到发现和提出问题对于学生批判性思维的形成和创新实践能力的重要性，并围绕它做出具体的设计。尽管近年来在学校教材中有关培养学生发现和提出问题的内容有所增多，但在教学过程设计中，多数教师都担心学生发现不了问题，也提不出有意义的问题，常常忽略对让学生发现和提出问题的设计。因此，在实际教学中，新的课题或要研究的问题基本由教师自己提出，教学的重点是让学生去分析和解决问题。对于学生而言，没有深入的思考，就不会发现问题，没有问题意识就不可能提出问题，在教学过程设计中，教师要通过创设问题情境等多样化的手段，促使学生发现和提出问题，使学生的数学核心素养得到培养，最终能达到"会用数学的眼光观察世界，会用数学的思维思考世界，会用数学的语言表达世界"。

## 三、数学教学方式的选择应关注学生学习方式的转变

教学方式是实现教学目标的手段，在教学设计中，需要结合教学内容的特点以及教学目标的达成，选择适当的教学方式。教学是教师的教和学生学的双边活动。当教师选择一定的教学方式，对于学生而言，就意味着已经选择了相应的学习方式。因此，基于数学核心素养的数学教学设计，在选择教学方式时，不仅要关注学生数学能力的培养，还要关注学生数学学习品格的形成，通过数学教学，使学生能够养成良好的数学学习习惯，掌握适合自己的数学学习方式，学会学习。

首先，通过组织数学探究，培养学生勇于探究的精神。数学教学是在问题驱动下展开的，其过程充满了探究性，为此，在选择数学教学方式时，可以结合教学内容特点，组织有效的探究学习，培养学生的探究精神。尽管从一些教师的教学设计来看，里面包含了很多探究的元素，但从课堂上探究教学的组织与实施来看，数学探究教学还存在较多问题。《义务教育数学课程标准》指出："学生的学习应当是一个生动活泼、主动和富有个性的过程。认真听讲、积极思考、动手实践、自主探索、合作交流等，都是学习数学的重要方式。学生应当有足够的时间经历观察、实验、猜测、计算、推理、验证等活动过程。"但在实际教学中，教师能留给学生自主探究的时间则少之又少，且缺乏过程性，有的看似探究，但学生还没有深入讨论和探索，探究活动就草草收场，这种探究只有形式，却没有实质内容，本质上与教师讲授没有区别。

其次，通过设计合作学习，培养学生与人合作、批判质疑的精神。学生的学习方式有个体学习、小组学习与全班共同学习等多种形式，问题解决在数学学习中占有很大的分量，当学生要解决的问题比较简单时，学生可以通过自己的独立思考去完成。但当学生个人独立解决起来有困难时，教师需要及时将学生分成学习小组，让学生在小组内通过讨论和同伴互助完成学习任务。合作学习在促进学生数学知识建构，开展数学交流，形成合作意识与批判精神方面有重要意义。如数学建模素养的培养，必须让学生在游泳中学游泳，在建模中学建模，在经历中体会数学建模的方法与过程，提高解决问题的能力。这类问题的综合性强，学生要经历发现和提出问题，建立和求解模型，检验和完善模型，分析和解决问题等过程，学生独立解决起来难度较大。当教师让学生以小组为单位去完成数学建模，不仅可以培养学生的合作精神，发挥团队解决问题的优势，还可以化解学生数学学习的焦虑，

提高数学建模的效率和质量，使得学生的批判性思维和创新实践能力得到很好的培养。

## 四、数学作业设计，从单一向多元化发展

数学作业设计是数学教学设计的重要组成部分，它对于学生巩固所学知识，强化知识的运用有很重要的意义。在数学教学设计中，作业往往不被教师重视，甚至很少有设计的概念，多是将教科书或教辅资料上的习题布置给学生，要求学生以书面的形式完成，内容多以解题为主，总体来看，数学作业的形式和内容都比较单一，学生完成它的兴趣不高。从培养学生数学核心素养出发，教师对于数学作业应加大设计力度，使作业从单一向多元化发展。

数学除了有抽象性的一面，还有很强的应用性，教师要在书面作业的基础上，结合教材内容，设计和布置一些如小研究、小调查等与实践有联系的实践性作业。通过实践性作业，不仅可以促使学生将数学与生活联系起来思考问题，促进数学知识的理解，还可以使学生把所学的数学知识和其他学科知识结合起来解决生活中的问题，使学生的数学核心素养得到提升。如数感是学生重要的数学素养，但由于学生生活经验缺乏，单靠书面作业很难建立良好的数感。为此，教师可以设计这样的实践性作业：估计你家里某个物体的长度，然后再用尺子测量它的实际长度并且记录下来。学生要完成这个作业，必须经历先估计，然后再量的过程，在此基础上再做出比较和判断，作业的实践性和开放性非常强。学生在完成作业的过程中，首先选择感兴趣的物品，还要动手去度量，这与度量教材上有关物体（图片）的长度或纯粹的单位换算题目性质完全不同，学生做起来兴趣相当浓厚。有的学生测量自己床的长和宽，有的测量自己书桌的长、宽和高，有的测量家中汽车的长和宽等。学生通过估计和实际测量，不仅对长度单位有了良好的数感，而且对不同长度单位也有了直观的认识，为今后正确使用合适的长度单位奠定了良好的基础。

随着作业类型的变化，交作业的形式也要随之发生变化。如在学习了观察物体后，教师设计的作业是：选择一件自己喜爱的物品，从不同的位置（前面、左面、上面）观察进行拍照。学生通过从不同方向拍照，联系生活实际，很好地理解了从不同方向看物体的意义。由于本次完成的作业是照片，上交的形式也可以多样化，如可以让学生将拍摄的照片打印出来粘贴在作业本上，也可以让学生通过电脑或手机发送给教师，还可以让学生拷在U盘上带到学校。总之。这样的作业不仅生动活泼，富有个性，而且节省了学生的时间，促进了学生的理解，同时方便教师批阅。当有学生将作业通过网络发送给教师，完全可以在课堂上打开学生的作业，现场进行点评。这时，每个学生的作业就像一幅独特的作品，变成了教师教学生动的生成性资源，通过在全班分享，使更多的学生从别人那里受到启发。最后，对于完成作业的时间也应有灵活处理。多数的数学作业，大多是当天布置，要求学生必须第二天完成，对于实践性作业，教师要视作业的实际情况，有灵活的上交时间。如在学习了统计的知识后，教师设计的作业为：统计自己家里一个月使用塑料垃圾袋的数量，

并用适当的统计图表呈现出来，在此基础上，从环保的角度出发，给家长提一条合理化建议。学生完成作业需要记录一个月垃圾袋使用情况，教师给学生完成作业的时间要在五六周，学生才有可能如实记录，并完成统计和分析工作，进而保质保量地完成实践性作业，使得学生数学核心素养的培养真正落到实处。

# 第五节　分层教学与数学教学设计

数学相对于其他学科来说是比较难学的，在教学实践中数学老师也会发现数学课是比较难教的，这是由于学生的数学基础参差不齐造成的。数学老师常常有这样的感触，对于老师精心准备的每堂数学课，有的学生感觉太容易，有的学生感觉太难，这就造成了有的学生"吃不饱"，有的学生"吃不消"。这样的课堂持续下去，后果就是学生的学习兴趣和积极性被严重打击了，教学效果越来越差，那么我们应该怎样解决这样的恶性循环呢？分层教学就是很好的解决办法。

## 一、数学教学中分层教学的实施前提

### （一）智力与非智力因素的影响

每个学生的智力、学习能力、接受能力、学习兴趣等是不同的，那么学生能否学好数学就会受到智力因素和非智力因素的影响，学生的个体差异性就必然要求数学课教学中应该实施分层教学。而实际上分层教学也是符合素质教育的发展趋势的。

### （二）提高学生的思想认识

在相同的班级内数学的授课方式和教学却是分层次进行的，这样的教学方式会引起数学成绩差的学生进一步产生自卑感，因为他们认为教学方法和优等生的都不一样了，从而让他们感觉到老师不再理他们了，这样就会导致差生自暴自弃，学习的信心更快地下降，甚至消失。对于学习好的学生来说，他们就会认为教学方法和差生的不一样，产生很强的优越感，有的就会骄傲自大起来，学习的主动性和积极性降低，那么最后的结果就是学习的退步！因此，在实施分层教学前要对学生进行思想教育，让他们认识到分层教学的必然性和必要性，并告诉他们分层教学的对象不是一成不变的，只要基础差的学生能跟上了，能达到优等生的数学水平了，那么他们也是可以和优等生用相同的教学方法的；如果优等生退步了，就会和差生用相同的教学方法。学生的认识提高了，就会力争上游，就会努力学习，就会有拼搏精神。

## 二、对分层教学的对象进行分类

对分层教学的对象进行分类不是为了把学生分成三六九等，而是为了了解不同学生具有的学习基础、接受能力等，从而把他们分成几类，每类学生应该采用什么样的教学内容去教。这在客观上把分层教学的对象划分得更科学，从而使不同层次的学生都能达到进步。教学中可根据数学基础的不同、数学考试成绩的不同、学习态度的不同、理解和接受能力的不同，把全班的学生大致划分为三个群体：

（一）数学成绩较差的、数学的基础知识和理解能力较弱的、没有学习数学的信心，更缺乏学习的主动性和积极性的学生作为一个群体。

（二）数学成绩处于中等水平，但有一定的学习自觉性和上进心，理解能力和接受能力还可以的学生作为第二个群体。

（三）数学成绩比较优秀而且成绩能保持稳定，具有积极的上进心，自我学习的能力很强，数学知识比较扎实，理解能力和接受能力都很强的学生作为第三个群体。

这样把全班学生分成上、中、下三类的分类方法，能更好地对不同层次的学生进行因材施教，从而充分发挥出分层教学的优势。

## 三、分层教学目标和任务的制订

分层教学就是对不同层次的学生实施不同的教学方法，从而使不同层次的学生达到不同的教学目标和任务。针对三个层次的教学对象制定的教学目标和任务分别为：对于数学成绩差的学生，要采取一切教学手段使他们对数学的学习感兴趣，帮助他们学会应用正确的方法学习数学，巩固他们的数学基础知识，并教给他们解题的方法，让他们养成良好的学习习惯。对于数学成绩中等的学生，在学生掌握数学基础知识的前提下，多教给他们一些解题的方法和技巧，提高他们对定理、原理、公式的理解和运用，从而使他们的解题能力得到进一步的提高。对于数学成绩好的学生，要扩大他们的视野和知识面，要多在数学知识的广度和深度上提高学生的能力，加强数学思维能力的训练，增强他们举一反三、一题多解、一题多变的能力。

这样的三类教学目标能从根本上保证不同层次的学生都能从分层教学中得到益处，从而在已有基础上更进一步地提高数学成绩，提高数学的解题能力。

## 四、每个教学环节都应实施分层教学

分层教学涉及数学教学的各个环节，在备课中、教学中、训练中、复习中、评价中等每个环节上都要贯彻分层教学，只有这样的分层教学学生才能从中获得科学与合理的训练和培养，才能提高数学教学的实际效果。

## （一）备课

数学老师在备课中要根据教学大纲和课堂的教学目标，考虑到不同层次学生的实际情况，应准备好不同的教学内容、不同的教学方法，使在课堂上实施的分层教学能够顺利地开展。

## （二）教学

老师应熟练掌握教学大纲和每节课的授课内容，在对知识的讲解上要能把握好分层教学对象对深度和广度的不同要求，以使大多数学生能掌握课本上的基础知识和解题需要的基本技能，并能运用概念、定理、公式等解决简单的数学问题。除了让学生掌握好基础知识外，更要培养和提高他们的数学学习兴趣，交给他们一些学习数学的方法，这样就能培养和提高学生的数学能力。对于"吃不饱"或"吃不消"的学生可以通过一些特别的教学环节，对他们进行一定的补偿，从而消除这两个极端。

## （三）训练

在习题的训练中可通过对习题的深度、考查的范围、数量的多少的控制达到分层教学的目的，更可以指定相应层次的学生练习对应层次的试题。数学基础差的学生可练习的习题应强调对基础知识的运用和基本技能的掌握。成绩中等的学生，习题的训练要能在掌握双基的基础上，提高习题的难度，以促使他们多运用学到的数学知识解题。对于成绩好的学生的习题训练，可减少习题的数量，但要加大习题的难度，多给些创新性的试题，增加他们的思维过程，让他们进行更多的探索与研究。

## （四）评价

对学生更好的评价方式就是考试，通过考试可以了解学生对知识的掌握程度。对于这三类学生在出题时，要难度分开，不同层次的教学对象给予不同难度的试题，这样就能增强中等生和差生的学习信心，就能使他们感觉到他们真的进步了；对于优等生就会使他们认为，要想考试得到高分，还得努力学习。

总之，分层教学能使因材施教得到更好的贯彻，可以使不同层次的学生都能从教学中获得益处，从而在原有基础上达到不同程度的提高。但我们也应认识到提高学生对分层教学的思想认识也是非常必要的，只有提高了学生的认识才能保证分层教学的顺利实施和得到应有的教学效果。

# 第五章 高职数学教育模式研究

## 第一节 数学建模思想与高职数学教育模式

《国务院关于加快发展现代职业教育的决定》和《现代职业教育体系建设规划（2014—2020 年）》明确指出了提高人才培养质量是加快发展现代职业教育的核心。由于数学建模思想的功能，既符合国家对高职教育的定位，又能很好地为高职数学教育服务，所以将数学建模思想融入高职高等数学教学是提高教育质量切实可行的有效途径。

### 一、现代职业教育的要求

现代职业教育必须坚持以立德树人为根本，以服务发展为宗旨，培养数以亿计的高素质劳动者和技术技能人才，要把提高职业技能和培养职业精神高度融合。职业教育不仅要培养一技之长的劳动者，而且要让受教育者牢固树立敬业守信、精益求精等职业精神；职业技能人才应该是高素质、全面发展的人才，更应该是有敬业精神和职业精神的人才。提高学生人文素养，要发挥课堂教学和实训实习在学生思想道德和职业道德教育中的主导作用，培养爱岗敬业、诚实守信的职业精神和善于解决问题的实践能力。为了达到这些目标，就必须认识当前教育现状和找到一种适合提高人才培养质量的教学模式。

### 二、高职数学教育现状

#### （一）学生的现状分析

从生源来看，近几年高职院校进行了大范围扩招，招生来源分为普通高中毕业学生、单独考试学生和五年一贯制学生，并且许多高职院校的专业文理兼收，因而大部分高职院校学生的平时数学成绩或者高考数学成绩不够理想，数学基础参差不齐；从学习动机来看，学生学习数学是被动的，主要是为应付学校的考试，而不是从学习数学的课程中提升自己的能力；从学习能力来看，学生用数学知识或者已经拥有的知识解决实际问题的能力严重不足。同时部分学生还存在自信心不足、依赖性强、自律意识弱、自我中心、团队合作意识差、诚信意识差、缺乏吃苦耐劳精神等现象。

## （二）教学模式现状

传统的高职数学教学与本科数学教学有很多的相同点，过分注重理论的严谨性、推导的逻辑性和知识的系统性，只是在难度上有所减小，内容上有所减少，并且讲解的知识与专业知识的联系不强，与实际生活脱节，所讲授的数学知识缺乏应用性，讲解的知识结构、教学方式与现代职业教育的要求不符。

调查结果表明，以讲授为主的灌输式教学、单纯的知识性解题训练、知识与实际脱节的教学模式，已经无法满足高职数学教育培养目标的要求，更无法满足现代职业教育的要求，所以教学改革势在必行。

# 三、将数学建模思想融入高职数学教育势在必行

## （一）数学建模的思想

所谓数学建模思想，是指把数学知识、方法、思维与实际问题的解决紧密联系起来的理念，主要包括以下几个方面：一是在教学中突出培养学生把实际问题转化为数学问题的意识和能力，即数学应用能力；二是在教学中把抽象的数学知识转化为具有现实背景的问题，使学生在探究问题的过程中，领悟数学思想与方法；三是在整个解决问题的过程中，学习者一直积极主动地思考问题，将被动地学习知识转化为主动地学习知识，加强了自己学习的能力。将数学建模思想渗透于数学知识，着重采用"问题驱动"和"案例驱动"的教学方法，加强数学与实际生活及专业知识的联系，能够强化学生应用数学的思想和解决问题的意识，提高学生的综合应用能力。

## （二）数学建模的功效

在数学教学过程中引入数学建模之后，改变了原有的教学模式，发挥了学生的能动性。数学建模将数学与实际问题联系起来，这些实际问题没有现成的答案，没有固定的方法，甚至也没有成型的数学问题，主要靠学生用数学知识、数学的思想方法去独立思考、反复钻研并相互切磋，在老师的引导或者在一个小组内形成相应的数学问题，进而分析问题的本质，寻求解决问题的方法，得到有关的结论，并判断结论的对错与优劣，最终解决实际问题。数学建模让学生亲身去体验数学的创造过程，获得在课堂和书本上无法获得的宝贵经验和感受。这正是数学建模所独有的特点与优势，对提高学生的学习兴趣、提高学生的数学素质能起到积极的促进作用。数学建模是数学回归自然的本源性探究，是人思维的真正的体操，是对人的潜能性的开发和训练。把实际问题用数学的符号翻译成数学模型、求解、验证的过程，能培养学生数学模型的思想，这样学生就有了时时学习（用数学模型的思维思考时效性、时间管理、时间的连续性等）、适时学习（用数学模型的思维思考事事的顺序、因果、偶然、必然、规律等）的观念。而且数学建模的思维还提供如何选择以及完成选择的方式、方法，是终身教育的根本，也是终身教育的保障。特别是通过小组讨论

的形式进行数学知识的学习，学生既能够学习文化知识，又培养了自身在活动中学会求知、学会做事、学会共处、学会做人的人文素养。

### （三）数学建模思想与素质教育是高度统一的

数学建模的思想定位在于培养学生应用数学知识解决实际问题的能力。将数学建模思想融入高职数学教学这种教学实践方法，既有利于激发学生的学习兴趣和自主学习的积极性，又有利于培养学生的综合素质，能给学生一种"学以致用"的感觉，使学生能最大限度地发挥想象力，有利于创新思维的培养。数学建模是数学知识和综合应用能力共同提高的重要"桥梁"，是启迪创新意识和创新思维、培养创新能力、提高人才综合应用素质的一条重要途径；也是激发学生学习兴趣，培养主动探索、锐意进取和团结协作精神的有效方法。数学建模活动在培养学生的自主学习能力、综合应用能力、实践创新能力等方面起着不可替代的作用，既符合中国对职业教育的要求，也符合世界对职业教育的要求。

对于学生而言，作为知识的数学，通常是出校门后不到一两年很快就忘掉了。然而，不管他们从事什么工作，那些深深地铭刻于头脑中的数学的精神、思维方法、研究方法、推理方法和着眼点等都随时随地发生作用，让他们受益终生。数学建模是对知识、能力、素质的综合提升，对学生走向社会提高自身竞争能力的是很有帮助的。

# 第二节　教育信息化的高职数学教学模式

我国发展高等职业教育近二十年来，高职数学教学一直受大学本科教学经验影响，教学内容、目标、方法等方面，均沿用本科数学的教学框架体系，往往只是教学内容广度和深度有所缩减。这样的做法就使得数学基础偏差的高职学生学习数学非常吃力，甚至厌学，从而使得数学课的教学推进起来十分艰难。更重要的是，传统的本科教学模式并不符合高职"教学需突出职业实践技能和文化素质"的培养目标。随着信息化技术的高速发展，数学教学改革也迎来了前所未有的契机和动力，基于教育信息化的高职数学有效教学模式成为数学任课教师教学改革的努力方向。

教学的有效性包含三个方面：教学活动结果与预期教学目标高度吻合，有效果；师生以少量的投入换得较多的回报，教学有效率；教学目标与特定社会和个人的教育需求吻合程度好，有效率。2000年的教育部文件曾对高职教育的根本任务及基础课的教学原则提出明确要求。面对高职数学教学的现实需求，我们认为高职数学的有效教学应能够调动学生主体的积极能动性，使学生能够自主地进行探索性学习，在相对减少的课时及较短的学习周期内有效地完成学习任务，实现既定的学习目标，并使学生融会贯通地掌握所学知识，继而实现自身学习和就业的可持续发展。

# 一、基于教育信息化的有效教学模式改革试验

基于高职数学的教学现状以及有效教学的教学目标，本课题组成员试图改变过去单一陈旧的教学模式，打破目前比较成熟完整的数学教学体系，整合优质教学资源，借助信息化手段，引导学生对数学现象进行直观观察和深入思考，理解数学现象背后隐含的数学本质和规律，愿意在数学实践和探索活动中投入更多时间和精力，真正提高数学教学质量。

## （一）关于学生数学基础的调查、分析

利用"学习通"平台，通过调查问卷的形式了解学生学习心理、学习特点及数学基础等方面的情况。经过分析，我们了解到我们的学生具有知识系统性差、数学兴趣不高、学习目标性不强、自控力差、逻辑思维弱、形象思维能力强等特点。我们将每个人的测试结果，点对点地反馈给每一位学生，使学生进一步了解自身特点及学习状况，有的放矢地进行学习和能力培养。同时，任课教师可以对全体同学的数学基础有初步的了解，对于基础偏弱的同学可以在后期的教学过程中重点关注，对于学生数学知识点的掌握情况，做到心中有数。

## （二）利用微课开展有针对性的模块化教学

在教学的各个阶段，我们试图开发形式多样的微课，作为课堂教学的有力补充。首先，了解了学生的数学基础，制作针对高等数学预备知识点的微课，要求学生按照测试结果，充分利用资源，利用课外时间完成数学知识的补充和相应能力的提高，任课教师可借助信息化手段进行监督。正式开课后，考虑到学生基础状况、各方面能力参差不齐，在信息化平台的支持下，开发出具有不同深度、广度的网络教学模块，以适应不同类型学生的需求。引导学生制订适合自己的个性化学习计划，督促学生课外自主选择补充数学知识或者拓展数学学习深度，力争达到分级教学的理想状态。

借助"微课"推进模块化教学的教学形式，辅以"学习通"的后台监督功能，由学生自己规划学习、选择性地学习。在积累数学知识的同时，也弥补了学生自控力差、目标性不强的短板，潜移默化地培养学生严谨的思维方式。从根本上塑造学生学习的能力，使其真正成为自己学习的主人。

通过一段时间的实践，学生普遍反映课前预习使用微课，新知识吸收效率更高，比单纯地看课本能更好地理解抽象的数学概念；与专业课结合的案例动画微课，使他们了解到枯燥的数学原来也有如此生动、活泼的一面；这种多元化的数学教学呈现模式，减少了他们对于数学的畏惧感。更重要的一点是微课不受时空限制，学生可以根据自己的情况自由选择时间、地点、内容进行学习，不理解的可以反复观看，直到完全掌握为止。

### （三）借助数学软件帮助学生理解复杂抽象的数学概念

除了采用微课的形式，作为学生知识输入的新途径，在课程内容设置及课程结构上也借助信息化手段做了改革与调整。为了改变以往过于强调基础计算而忽视概念理解及数学工具性作用的现象，我们引入数学实验课，以尝试解决这一问题。在数学实验教学中充分利用计算机的特点与数学软件本身的功能，展示数学概念产生的实际背景，理解抽象的数学理论，求解数学偏题、难题等。

数学实验让学生体验到改变学习方法、变换角度思考的乐趣，既可以验证书本上难以验证的结果，又可以让学生由此自主探索和研究数学问题。

### （四）开发数学与专业课融合的案例

高职学生普遍存在"重专业课轻基础课"的情况，"学数学有什么用"是他们经常发出的疑问。传统的数学教学模式过分强调知识体系的完整性，而为专业服务的特性体现得并不明显。由此我们从学生的实际情况出发，研究其专业学习的特点以及后续专业课学习的数学需求，经过整合设计，尽快开发贴近专业的、重概念理解轻复杂计算的案例题目。用数学建模的方法，解释专业问题或生活中一些与专业相关的现象，也可借助视频等信息化手段将这些现象进行仿真模拟，以帮助学生更好地理解。

例如，为什么手机充电开始很快后来很慢？这个例子贴近学生的生活实际体验，更能激起学生的好奇心和寻求解决方案的动力。以微视频的形式生动地展示电荷运动的过程，使学生更好地理解电压、电流、电容之间的关系，以及"导数描述的是非均匀变化情况下瞬时变化率"这样一个数学概念，培养了学生数学建模的能力，同时使学生更多地认识到数学的重要性，以及其与专业课、生活、工作密不可分的关系。这样与专业有机结合的数学教学模式，使得学生数学学习的针对性、目的性、积极性更强，更适应高职学生的基础和身心状况，更体现了以人为本、以学生为主体的教育初衷，也能更好地发挥数学为专业课服务、促进学生专业课学习的作用。

通过借助丰富的信息化手段，我们从教学目标、模式、手段以及考核方法等多个方面做了很多改革性、尝试性工作。根据学生各个方面表现的反馈，包括学生课上参与的积极性、课下学习的主动性、期末成绩、学生建模竞赛成绩、专业课学习所需的基础能力、学生评教成绩等，我们能很明显地感觉到学生的积极变化。这说明我们的教改取得了一定的成果，但仍然存在一些问题，还有很多方面需要进一步细化和改进。

## 二、教改过程中应注意的问题

首先，在使用信息化手段辅助数学有效教学的过程中，要始终注意数学知识学习、数学理论应用、逻辑思维能力培养是数学教学的"根"，微课建设、数学实验、数学建模等都是实现教学目标的辅助手段，不能为了信息化而信息化，避免出现主次颠倒、本末倒置的情况，同时模块化教学仍需进一步细化、充实。

其次，实验课的开设，应注意其与理论学习的相辅相成关系，应注意数学实验课并非为了学习数学软件，而是借助软件辅助数学理论知识的学习。课题组老师应深入思考数学实验课应如何设置、如何编排，使其真正渗透到理论学习中去，发挥其辅助作用。

最后，数学任课教师面对新的教学模式改革，往往显得力不从心。基于教育信息化的高职数学有效教学模式，对数学任课教师提出了更高的要求，不但需要教师具有深厚的理论功底，还应具有触类旁通的指导实践的能力，进而开发更多的与专业深入结合的案例。这就需要数学任课教师及时充实自己的计算机和专业相关知识，充分认识有效教学模式的特点及其内在需求，大胆改革，改变"高职学生谈数学色变"的现状，使高职数学教学真正焕发生机与活力。

# 第三节 创新教育背景下高职数学教学模式

党的十九大报告指出，创新是引领发展的第一动力，是建设现代化经济体系的战略支撑。职业教育为我国经济社会发展提供了有力的人才和智力支撑，而高职教育承担着培养高素质技术技能人才的任务。教育部《关于职业院校专业人才培养方案制订与实施工作的指导意见》（以下称《指导意见》）中指出：要注重学用相长、知行合一，着力培养学生的创新精神和实践能力。高职数学作为一门重要的公共基础课程，对于高职院校理工科专业学生创新精神和实践能力培养方面起着基础性、先导性作用。然而当前一些高职院校并未充分认识到数学在培养学生创新精神和实践能力方面的作用，许多专业存在数学课时大大缩减甚至不开设数学课的现象。在课时缩减但培养学生创新精神和实践能力的作用不能减弱甚至要加强的背景下，对高职数学进行深化改革是十分必要的。本节结合教学实践，对创新教育背景下高职数学教学模式改革进行了实践探索。

## 一、目前高职数学教学现状分析

随着教学改革的不断深入，各高职院校对数学课程的教学改革也在持续不断推进，但高职数学如何培养学生创新精神和实践能力的研究文献并不多。结合笔者所在的学校和对浙江省一些高职院校的调研分析可知，目前高职数学教学存在以下需要改进的教学现状：

### （一）课程体系缺少实践能力培养的内容

目前高职院校多数专业开设的数学课程的学分只有 3 ～ 4 学分，在这样的学分要求下只能勉强满足专业所需的理论部分的课程教学。而对培养学生创新实践能力所需的实践内容模块由于课时缺少，只能不开设，更没有实践教学活动。而《指导意见》中明确指出：三年制高职实践性教学学时原则上占总学时数 50% 以上。高职数学作为一门重要的公共基础课程，在课程体系的开发中必须要融入培养学生创新实践能力的模块内容和教学实践活动，才能为培养具有创新精神和实践能力的学生奠定基础。

## （二）课程定位与专业人才培养目标不契合

在创新教育背景下，高职数学承担着培养学生创新精神和促进可持续发展能力的多重任务。但在专业人才培养方案制订中，教育部对思想政治理论课和体育课的教学内容和课时做了严格的规定和要求，而数学和英语等课程各校在某种程度上都在缩减课时。有的学校将高职数学课时从4学分减到3学分，甚至减到2学分；全校一年级学生有一半专业不开设数学课程。高职数学课时的缩减必然导致教学内容的删减，从而导致部分数学知识体系逻辑性连贯性不强。而理工类和经管类专业不开设数学课程就难以真正落实高职数学与专业融合协同创新能力培养的改革目标。

## （三）教学方法和手段缺少创新

高职数学在大多数院校是合班教学，大多数数学教师尤其是一些老教师仍采用传统的以教师为主体的"满堂灌"教学方式，教学手段以板书或PPT演示为主。在教学过程中大多数教师并没有采用丰富多彩的现代信息技术手段，课堂教学不够新颖生动，课堂上睡觉、玩手机的学生仍不在少数。因此，如不进行教学方法和教学手段改革创新，必然会导致学生学习数学的积极性降低，觉得数学沉闷无聊，直接影响高职数学课程的教学效果及学生可持续发展能力的培养。

## （四）考核评价模式缺乏新举措

目前高职数学考核评价模式大多仍是"平时＋期中＋期末"形式，平时主要以作业、考勤和课堂发言为主，而对于数学实践活动、课程思政元素融入、课外数学阅读等均不在考核范围内。在教学评价的内容上，注重评价学生的数学基础知识、运算能力。考试题主要以计算、封闭型试题为主，而应用型、探索型、开放型问题所占比重太少。学生在解题时，习惯于简单地模仿，而创新所需的发散性思维解题能力往往欠缺。因此，在目前重应试能力而轻创新精神和创新能力的考核评价下，学生缺少独立思考的能力。

# 二、高职数学教学模式改革的实践

基于目前高职数学教学现状和培养学生具有创新精神的要求，高职数学课程的教学模式改革可尝试从以下几个方面实践：

## （一）重构课程教学体系

高职数学课程教学体系既要考虑到课程的公共基础性，又要考虑到与专业的融合，还要考虑到创新能力的个性化培养和人文综合素养的培养。所以课程教学体系可按递进式模块化设计。

"基础普适"模块以一元函数微积分为主。通过该模块的教学为后续高层次的模块教学奠定知识基础。该模块面向所有开设数学课程的学生，是课程体系中对学生的普适教育。

"专业融合"模块根据专业需求进行订单式选学，体现数学的工具性，从而实现与专业的无缝对接。例如，计算机专业可开设离散数学、线性代数模块；道路桥梁工程技术专业可开设多元函数微积分、概率与数理统计、线性代数等模块；机电一体化、飞机维修、汽车维修等专业由于对电学知识要求较高，所以可开设极坐标和复数、傅里叶级数及积分变换等模块；物流管理、物联网技术等专业可开设线性规划、图论等模块。

"实践创新"模块通过开设"数学建模""数学实验""数据统计分析"等选修课，并结合实践创新平台训练来实现对学生实践创新能力的培养。

"素质拓展"模块有机融入在前三个模块中。该模块的教学通过在课堂教学中适时融入数学文化和课程思政元素，从而实现对学生创新精神、创新意识和人文素养的综合培养。

递进式的课程教学体系可以有效实现底层共享、中层分立、高层个性化教育的培养目标，使高职学生既有一元函数微积分基础知识的普适教育，又有不同专业方向所需的专业知识需求，还有个性化创新能力培养的数学实践教学，更把素质拓展模块融入各个模块中，把课程思政元素贯穿到递进式课程体系中，真正实现以立德树人为根本的教育目标。

### （二）开发按专业需求的课程标准

传统高职数学课程标准基本上一刀切，部分院校也会针对生源差异进行普高生和中职生的分类，但与专业的融合度不够。高职数学的课程标准应根据专业需求，分大类进行开发。如按交通运输领域相近或相似职业（岗位）开发不同的课程标准。如土木工程类、汽车技术类、轨道交通与航空技术类、船舶与智慧信息工程类、经管类等。每一类课程标准根据专业需求来决定其目标要求和授课内容。如土木工程类除了一元函数微积分模块外，还可设置概率统计及应用、MATLAB 数学实验两个模块。轨道交通与航空技术类除了一元函数微积分模块外，还可设置极坐标方程和复数、常微分方程及应用、级数及应用、MATLAB 数学实验五个模块。高职数学的课程标准只有按专业分类制定才能为专业实现创新型人才培养目标起到基础性、先导性作用。

### （三）搭建实践创新教学平台

创新包括理论创新和实践创新，实践是创新的源头活水。有效的实践创新平台是培养学生创新精神、训练学生实践创新能力的基石。高职数学的实践教学平台除了常规课堂外，还可以是竞赛、第二课堂和虚拟课堂，可形成"常规课堂＋竞赛＋第二课堂＋虚拟课堂"的实践创新教学平台体系。常规课堂是指采用案例教学法，在课堂中融入数学建模思想；竞赛是指让学生参加全国大学生数学建模竞赛、省大学生高等数学竞赛，通过竞赛激发学生的创新精神、训练学生的创新思维，从而培养学生的实践创新能力；第二课堂是指以数学建模竞赛和高等数学竞赛为延伸，依托学校社团（如应用数学协会等）进行实践教学活动，解决常规课堂所涉及的数学应用性问题。例如，一定范围的无固定线路的自行车骑行比赛，除了拼速度还要考虑最优路径问题；虚拟课堂是指将教学资源与信息化技术融合，构建高职数学在线网络课程资源，让学生随时随地进行自主学习。通过不同形式的实践教学平台衔接，激发学生的创新精神，培养学生的分析能力、合作能力和解决实际问题的能力。

### （四）革新教学方法和手段

1. 教学方法的革新

传统的"一支粉笔＋一本教材＋PPT讲稿"的教学模式已经不再适合当前现代化教育环境。在"互联网＋"和创新教育背景下，教师要适应时代的变化，以培养学生创新精神和创造性思维为目的，灵活选择多种教学方法，以此来激发和提高学生的学习兴趣和创新潜能。其中启发式、问题式、探究式和讨论式教学等都是培养学生创新精神和创造性思维较好的教学方法。例如，对于概念和理论性知识以启发式和发现式教学为主，通过启发和发现过程为主导去进行课堂学习组织活动，其中学生是主体，教师以辅助身份出现，以此来加强师生的互动交流和研讨。比如，笔者对导数概念的教学就是通过实际案例的引入，并不断设置递进式问题来启发引导学生进行创造性思维。

对于应用性问题以探究式和讨论式教学为主，以活动和问题为引领，引导学生进行数学新知识的探索发现，培养他们骨子里的主动精神，激发其创新潜能。例如，笔者对土木工程类专业进行函数最优化问题的教学时，采用翻转课堂教学形式，通过提前布置课程资源的视频学习任务，课堂中提出三个待解决的实际问题让学生在课中分小组讨论求解。案例1：从油井到炼油厂输油管的铺设；案例2：道路挖掘法费用最省问题；案例3：梁的最大转角问题。学生在讨论的过程中教师在一旁加以指导。

对于素质拓展模块内容的渗透教学宜采用讨论式教学为主。例如，在函数教学中可引入传染病模型，让学生讨论新冠肺炎的传播速度；在牛顿—莱布尼兹公式这一节教学中，可让学生课外阅读查找牛顿、莱布尼兹这两位伟大科学家的生平事迹和科学贡献，从而让学生挖掘牛顿、莱布尼兹的闪光点并写成阅读报告带到课堂上与同学分享讨论，以便从骨子里培养学生的创新精神和创新意识。总之，针对教学内容的不同，教师宜采用多样化教学方法来培养学生的创新精神和创造性思维，充分调动学生的学习兴趣和积极性。

2. 教学手段的创新

在"互联网＋"教育背景下，教学手段不应仅仅局限于PPT教学，应充分发挥现代信息技术的优势，依托微课、慕课、自建的教学资源库，实现线下为主、线上为辅的混合式教学模式。学生用手机不再是玩游戏，而是利用手机来实现课堂上师生间、生生间教学互动。笔者已进行了2018和2019级学生"应用高等数学"的线上线下混合式教学，实践证明，前两次课学生对线上教学不适应，但在实践一个月后，这种教学模式普遍得到了学生的认可。其中手机抢答、手机答案投票、手机选人、手机课内测验、线上作业等都是深受学生喜欢的教学手段。线上线下混合式教学通过建立教学资源库，提前布置给学生视频学习和测验任务，从而实现对创新能力所需的自学能力和阅读能力的培养。

### （五）创新考核评价模式

在创新教育背景下，考核评价模式要体现对学生创新精神、创新思维能力和实践能力的考核评价。首先，考核评价内容的改革。在评价内容上增加应用型问题、探索型问题、开放型问题的比重，减少计算题。因为随着信息技术的发展，很多计算都可以通过数学软件来求解。其次，考核评价指标的改革。在考核评价指标上除了传统的指标评价内容外，加强非标准化、综合性评价，如第二课堂参与的次数、虚拟课堂（在线课堂）的学习情况、数学建模实践小论文、德育作业的完成情况等的考核评价。总之，创新教育背景下的考核评价既要体现在形成性评价中又要体现在终结性评价中。

在创新教育背景下，高职数学教学模式改革既要体现课程的"工具性"，又要体现课程的"应用性"，更要激发学生的创新潜能，提升其人文综合素养，从而为培养具有创新精神和可持续发展能力的高素质技术技能人才奠定基础。

# 第四节　智慧教育下五年制高职数学课堂模式

智慧概念最早指的是人们辨析、发明、判断以及创造事物的重要能力。在我国，智慧着重体现的是个体能够迅速、准确且妥善解决各类问题的能力。而教育简单来讲就是有组织、有计划且有目的地对受教育者的身心施加一系列影响。在新时代高速发展背景下，为了取得更理想的教育培养成果，广大教育工作者也逐渐重视起了智慧教育的有效实施，对此，广大高职数学教师应给予足够重视与深入探究。

## 一、转变教育理念，完善教学计划与大纲

高职院校应实现对办学目标、宗旨的准确把握，结合具体需求对基础课、专业课比例做出适当调整，对不同专业的学生制定出针对性的教学计划与大纲。高等数学教学内容、计划改革应实现与专业改革的有机整合，将专业性、时代性以及实用性等优势特点充分体现出来。为此，教师应注重、优化智慧备课。一方面，针对数学具有的逻辑性、关联性，不能随意调动教材的前后顺序；另一方面，高等数学教材内容要体现广泛性。高等数学教学改革应充分体现出与专业教学、实际应用之间的密切联系，在明确各专业高等数学教学大纲、内容之前，要从不同角度做好该专业相关课程的调研工作，基于此来选择适合不同专业学习的教材内容，然后再基于对专业特点的综合分析来对教材大纲、教学顺序做出合理调整，进而促进高等数学教学实用性的显著提升，为学生实践智慧的进一步发展创造良好条件。

## 二、重视完善启发式教学模式的科学引用

通过大量教学实践可以了解到，教学过程中每个学生都是不同的，且观察世界的角度也存在一定差异。在实际授课中，教师虽说无法满足所有学生的认知需求，但对其提出的

一些意见与建议，一定要认真倾听，并基于巧妙启发来引导其将自身观点说出来。在整个教学中，很多时候学生学习到的内容都与教师的预期存在一定差异，对此，教师可以通过正确规范知识点的恰当引入以及评价指导的有效实施来提醒学生进行核心知识内容的学习，促使其对自身知识经验、技能等方面做出重新组织、加工，进而使得学生的理性智慧能够得到全面增长。

此外，教师还要充分认识到，不论是对于哪一学科、哪一阶段的教学，都难以做到完美，所以，在每次教学活动结束后，要对自己下次教学时要做出哪些调整与改变进行深入思考。比如，怎样才能够使得教学环节更加生动有趣，怎样才有助于引导学生对自身学习过程、方法等方面做出全面反思，只有这样，才能够为学生理性智慧的形成发展创造良好的条件。

## 三、引用案例教学法，优化实践教学活动

很多高职生都认为高等数学只是一些理论性的论述，不具备实际应用价值，也正是因为这种错误认识的存在，使得高等数学教学水平一直都难以得到显著提升。对此，在实际授课中，教师应注重案例教学法的科学引用，引导学生基于相关案例来讨论出问题的解决方案，使其能够对所学知识产生透彻理解，为其独立思考、解决问题能力的进一步发展提供有力支持，促进高职生实践智慧的全面增强。

在引用案例教学法开展高职数学教学活动时，教师应对以下几点做出充分考虑：首先，注重案例选编。教师要选取与学生专业、实际生活有着密切联系，且适用于数学教学的案例，不论是背景材料、案例描述，还是需要解决的问题，都要呈现出真实、典型且具有分析价值的优势特点。其次，优化组织讨论。在正式授课前，教师应引导学生做好各项课前预习工作，并制订好方案，在课堂上开展自主探究，教师要为学生提供科学指导与启发，促使学生凭借自身知识经验来解决各类问题。再次，完善方案评论。在学生讨论结束后，教师应引导学生对所拟方案、讨论结果做出客观评论。只要学生能够做到言之有理，那么其方案便都成立，培养学生举一反三，正确认识到最优方案源于大家的智慧拓展。比如，针对导数相关知识的讲解，其实质变化其实就是变化率，由此可以引申到边际分析受益以及利润、成本等专业知识内容上，引导学生加强与自身专业的有机整合；又如在进行微分相关知识点的讲解时，可以对局部线性思想做出着重强调，基于最值问题来进行最优化思想的着重凸显等。

总之，在实际授课中，教师应懂得从不同角度来启发、引导学生遇到相关问题时，懂得引用高等数学知识来进行各类问题的分析与解决，然后在案例分析的基础上，优化实习实训活动的有效安排，为学生实践智慧的进一步发展创造良好条件。

综上所述，在新时代高速发展背景下，对高职数学教育也提出了新的任务与要求，强调其数学知识内容的讲解应体现出多样化特点，真正实现新颖、多样化教学方法的相互配

合、灵活引用，也只有这样，才能够称之为真正意义上的智慧教育，才能够取得更理想的教育培养成果。为此，广大高职数学教师应充分整合现有资源与条件来构建更生动、高效的数学课堂，不断优化其授课环节与效果。

# 第五节　高职数学教育"2+1"人才培养模式

随着中国经济的转型发展和高等教育改革等一系列措施的实施，高等教育已经由过去精英式教育，转向大众化、多元化的教育。高等院校传统的人才培养模式已跟不上经济发展的步伐，不得不改革。随着市场的进一步开放，人才市场的竞争更为激烈。因此，培养社会急需的高素质人才是摆在各高校面前的一道鸿沟，这也是高校自身谋求蜕变发展的现实要求。面对高等教育普及化、多元化初始阶段所带来的挑战，作为我国近十年来大力发展的高职高专教育而言，深入探讨摸索当代高职高专人才培养模式就更具有十分重要的社会价值和现实意义。

## 一、人才培养模式的分析

高素质人才培养的成功是多方面共同努力的结果，高职院校作为人才培养的重要输出基地，从其视角来分析，人才培养着重分为两方面：

### （一）综合素质培养

在人才培养过程中，优秀的综合素质是成才的根基。作为一名大学生应该具有什么样的素质，这是值得每一位教育工作者深思重视的问题。人的综合素质是由人格、知识、能力、身心等基本素质组成的，是由内而外自然散发出来的内在气质。基本素质之间具有协同发展的关系，过于偏重或缺失的发展都会形成素质上的缺陷。在当代教育中所提倡的德、智、体、美、劳多方面的发展正是培养学生综合素质的体现。

### （二）综合能力培养

在高职院校人才培养纲要中，总是突出强调应用型人才的培养，但实际教学中许多院校更多的是停留于理论学习能力培养上，对实操应用能力培养较为缺乏。从市场需求方面分析，能力可大致分为人际交往能力、体育运动能力、学习能力、审美能力、表达能力。从系统的人才培养过程来看，每种能力的养成都是渗透于整个教育的各环节中的。

## 二、人才培养模式的改革

### （一）实行学年学分制

学年学分制的实施方案如下：以学生为教育的主体中心，分学年给学分，拿到规定毕业学分即可毕业。学分分配以专业必修课为主，另有学生自选的选修课、见习、实习、毕业设计等实操课，同时考获证书（如英语四六级证书、计算机等级证书等）或获得国家级、省级等比赛的名次也可折算学分。学年学分制是一种以学生为主体教育的培养模式，是凸显"主动性""积极性"，实现多层次、多规格人才培养的重要方案。

学分的计算以数学教育专业人才培养方案为依据，理论课程以 15 学时计 1 学分；实习、见习、毕业设计（论文）、入学教育、军训、毕业教育等实践或教育课程以 1 周为 1 学分计。为促使学生综合素质的全面健康发展，对在各级别、各种类型比赛取得名次的学生和发表学术科研论文的学生，都会给予一定的学分奖励。学生修满总学分 160 分即可毕业。

## （二）数学教育专业"2+1"人才培养模式的实施

调整原来在校的两年半理论学习加半年实习的培养模式，改为前两年在校学习理论专业课，第三年实践教育实习或支教实习的培养模式。

## （三）修订人才培养方案

为了配合学年学分制的实施，对必修课、选修课和自选课三类课程的学时按 6：3：1 的比例开设。其中必修课包括公共课、专业课、实践课。公共课包含哲学课、大学英语、大学语文、计算机基础、体育和就业指导等。选修课指为拓宽学生专业知识面，增强职业技能而设置的课程。自选课是根据学生个人爱好和需求，为提高学生的综合素质、增强岗位竞争力而设置的课程，它有利于培养和发展学生的特长，开发学生潜能。

调整课程课时，减少公共基础理论课和专业理论课的课时，删掉"难学难用"且可有可无的科目，以"适用、够用、实用"为准，适当降低课程难度。例如，数学分析由原来开设三学期的 192 课时，减为只开设两个学期共 128 学时；加开说课、微课等教学实践课，以加强学生专业技能的培养。对课程开设的顺序进行重新调整，在第一学期开设的课程有：教育学、心理学、数学分析、高等代数、几何画板、教师基本技能课如三笔、教师语言艺术等，目的是让学生在第一学期学习后就能掌握一定的教师基本技能。第二学期开设课程有专业基础课解析几何、常微分方程、教学教法课和新课标解读课等。第三学期将开设说课、微课等教学实践课，并进行为期两周的教育实习，着重进行教师技能训练。每学期都会进行技能考核，配套有详细的考核细则。教师技能考核不达标者不得参与教育实习。

## （四）实行教学改革

对教材进行整合，实施三个模块化教学。第一个模块主要体现的是对学生的基本素养、能力、技能的教学。第二个模块主要实施对学生专业素质、能力、技能的教学。第三个模块实施可持续发展的职业教育。

深化教学，遵循"实用、适用、能教、会教"的教学原则，学校对师范类教育专业开展了"三进课堂"教学活动，目的在于强化教师专业技能，实现与就业岗位的"无缝对接"。

"三进课堂"教学是指：第一，义务教育阶段的数学课本作为参考教材走进课堂。学生人手一套，不仅在教材教法课上发挥作用，也可在其他专业课中使用到。学生通过提早接触、了解、熟悉中小学数学教材，能更好地掌握中小学数学的知识体系，从而明确学习方向，突出实用性。第二，诚邀中小学的一线名师走进大学课堂给大学生开讲座，一起学习、探讨在新课标改革下中小学基础教育的新动态及方向。如果只将学生关闭于大学里闭门学习，学到的是一潭死水的理论知识，缺乏新鲜的知识血液。因此我们诚邀汕尾市教育局的教研室陈老师、汕尾市实验小学李校长等多位一线教学工作者，以"新课程标准下的教学""如何上好一堂课"等为主题开设专题讲座。第三，教师陪同学生一起走进中小学课堂，进行听课、座谈、见习，互相学习借鉴。我们数学教研室的全体教师参加汕尾实验小学举办的"创建高效课堂，教学比赛汇报课"等教研活动，通过深入基层学校的交流、学习，对如何培养适合社会岗位需求的人才有了深刻的理解。

强化"基本职业技能"的训练，扎实学生职业技能的根基，凸显数学教育专业的人才特色。"基本职业技能"包含说一口标准的普通话，写一手漂亮的粉笔、硬笔字，上一堂成功的数学课，熟练运用信息技术制作教学课件等。经过课堂和课外的技能教授和训练，通过举办不同形式的比赛和竞赛，以赛促练，让学生具备过硬的职业技能。

明确"职业特性"的理念，新生一入学通过举办讲座等方式，进行专业介绍及教师职业教育，让其一入学就能明确学习的方向。通过三年的学习锻炼，为自己成为一名优秀的人民教师打好基础。要求全体师生树立一种意识，即每位走出校园的数学教育的毕业生已具备了作为一名合格中小学教师的条件。

重视数学建模课的教学和运用，将数学建模的思想、理念及方法渗透于各门数学课程的教学中。对数学建模课的活用秉承"开设课程、融入教学、多办活动、参赛促教"的多方位教学模式。在近几年参加全国数学建模竞赛的带动下，学生的数学思维、创新创造能力得到增强，多次获全国大学生数学建模竞赛广东省赛区的好名次。

### （五）校校联合，加强实习实训基地建设

本院与汕尾市实验小学、凤山中学等全市 11 所中小学校建立了联合培养人才的实训基地，做到互利共赢、人才共育、成果共享、互补互惠。这种校校合作、取长补短、发挥各自优势的育人模式，不但激活了办学动力，还能激励师生开展课题研发，促进教育研究成果转化为社会服务，达到多赢的效果。

贯彻落实教育部《关于大力推进师范生实习支教工作的意见》，发挥高等院校的优势，为当地经济、教育发展服务。在促进地方教育事业的健康发展中，我校配合汕尾市政府开展了顶岗实习农村支教活动，从 2012 年至今数学教育专业已有四十多名学生分赴甲子、公平、捷胜等乡镇的多所小学进行为期一学期的乡村支教工作。支教工作不但拓宽了学生职业技能锻炼的途径，同时也能检验人才培养的成效。

## 四、人才培养模式改革初见成效

### （一）教师方面质的转变

授课教学理念的转变，由过去单方面注重数学知识体系的全面性、理论性转变为关注学生的学情及实用性，整合编排知识内容，秉承够用、适用、可接受的原则进行灵活授课。

教学方式的转变，由过去单一、枯燥的授课方式，转变成强调数学知识的应用，将数学知识与实际问题相结合，将数学思想渗透到现实问题中，强化学生数学思维能力的培养。

考核形式的转变，以可操作性的调查报告和研究性开放题作为作业，注重对学生职业综合能力的考查，改革单一一张试卷的评价方式，学期评价采用主体、全体及教师共同参与的多元评价方式。

### （二）学生方面的转变

学生在各种技能比赛或证书考试中都取得了显著的进步。例如，近几年参加全国大学生数学建模大赛（大专组）中先后有三个队获广东赛区二、三等奖的好成绩，在专升本、英语、计算机、教师资格证等考试中表现优秀。

学校举办的招聘会中数学教育专业的毕业生都得到相关招聘单位的青睐，近四届的就业率平均达到了96%。对已就业两年的毕业生跟踪调查显示，其职业素质较高，对课堂教学的掌控能力强，表现出较足的发展后劲。

从实习单位和支教学校的反馈中可看出，学生数学知识面广、基本功扎实，充分体现了所学的专业本领，其新颖的教学理念、扎实的教学功底、丰富的教学方式、先进的信息技术手段等得到了受援学校的高度赞赏和肯定。学生很受实习学校师生的欢迎。

# 第六章 高职高等数学概述

## 第一节 高职高等数学分层教学

我国高职院校规模的扩大，不仅增加了对人才培养的要求，还提高了对教学质量的要求，同时也给高等数学教学带来了新的挑战。从我国近些年高职高等数学的期末成绩中可以看出，学生的高等数学水平具有"多峰分布"的特点，充分说明学生高等数学水平存在明显的层次差异。因此，为了尊重学生个体差异，高职院校应根据当地经济发展情况结合高等数学分层教学法，培养出具有当地特色的技术型、应用型人才。

### 一、高职高等数学分层教学实施方案

#### （一）学生分层

若要实施分层教学，首先应对学生进行分层，具体过程可分为四步：1.新生入学后，辅导员与高等数学教师应利用学生军训时间掌握每个学生的数学水平与基础，分析学生学习能力；2.学校应在分层前，开展师生动员大会，向高等教师与学生明确高等数学分层教学的要求、意义、目的，使师生能够领会到分层教学的宗旨；3.在新生军训结束后，应对学生进行一次数学测试，按照学生实际水平，对其进行高中数学辅导；4.在结束辅导之后，统一安排学生考试，并根据考试成绩将学生分为 a、b、c 三个层次，并设立相应的高等数学教学班。

#### （二）教师分层

为了保证每个层次的学生都能够得到相应的高等数学教育，应制定高等数学教师分班任教制度，将教学经验丰富、知识研究较深的高等数学教师安排到 a 班教学；将管理能力强、有责任心的高等数学教师安排到 c 班教学；具备一定的管理能力、教学经验丰富的高等数学教师应安排到 b 班教学。

#### （三）教学分层

由于各个层次学生基础知识掌握情况不同，教师应结合实际对每个层次学生制定相应教学内容。由于 a 层次学生的学习主动性强，基础知识扎实，因此，对 a 班数学教师应主

讲教材内容，并适当增加一些难度较大的高等数学题目；b 班数学应以教材为主；c 班教学应结合学生情况，将教材内容进行合理拆分，降低教学要求。例如，在进行"数学分析"中的中值定理教学时，应将教材中的柯西、拉格朗日、罗尔这三个中值定理的论证与推理过程适当简化，主要根据学生实际情况来定。例如，在 a 班进行教学时应讲解全部内容；在 b 班进行教学时应把柯西、拉格朗日这两个中值定理的论证过程删去不讲；在 c 班进行教学使应时将这三个中值定理的论证过程全部删去，只讲解定理的应用，要求 c 班学生只要会应用求解便可。

### （四）作业分层

针对 b 班的中等学生应加大训练量，在每节课的教学内容中都增加一些相应的提高题，比如，增加一些用定义证明的连续性问题、复合函数偏导数问题等。在布置作业时，应以由浅至深、夯实基础的基础开展，要求学生多做一些常见的积分、求极限等问题。由于在做作业时学生不可能一次就准确地掌握到知识，因此应适当地进行重复练习。分层布置作业是实施分层次教学的有效途径。根据不同层次的学生，布置不同的作业，使各层学生得海高和珈，蝇学生的作业负担。对 c 层学生，作业的份量较少，演较低，以模仿性、要出性 为主，尽可能安排一 ^ 目考查识点的练习；对 a 层学生则可减少一些重复性作业，适当增加一 些灵活性较大的题型，以综合性、提高性为主。

### （五）制定相应的教学目标

根据各层次学生不同情况，制定相应的教学目标。a 班学生在打下良好高等教学基础的同时，加强培养 a 层次学生对知识的运用能力；b 班学生在打好基础的情况下，提高 b 层次学生学习能力；c 班学生主攻高等数学基础，提升其对高等数学的学习兴趣，树立学习自信心。

### （六）成绩评定方式

分层评价是进行分层次教学的重要环节。分层次教学是使所有学生通过教学都有所学、有所得，逐步向各自的"最近发展区"递进，从而提高班级学生的整体水平。为了更好地发挥分层互促的作用，在评价中也应进行分层，对 c 层学生侧重表扬，b 层学生侧重鼓励，a 层学生侧重促其发展，让每位学生能"跳一跳摘到桃子"，从而使学生树立起学习的信心，提高学习的兴趣。一段时间后。根据学生学习成绩情况进行适当的调整，成绩进步的给予升级，退步的则降级，从而激发学生主动 地学习，提高学生的主观能动性。由于实施分层考试，所以必须改变传统的成绩报告单的模式，由单纯地报告学生成绩改为报告 a，b，c 三层学生在德、智、体、特长等各方面综合性素质成绩。

## 二、高职高等数学分层教学发展方向

即使分层教学的教学内容、教学起点、教学进度与教学要求之间都存在一定差异，但是最终学习目标是相同的，为了满足各层次学生对高等数学知识的不同需求，提供各种机会供学生选择，不应致力于在短时间内提高学生高等数学成绩，应从长远角度考虑，帮助学生养成良好的数学学习习惯、提升对高等数学的学习兴趣、找到适合自身的学习方法，从而促进各层次学生共同发展。

分层教学是高等数学教学模式的一大改革，也是高中院校教育理念与教育思想的一大进步。随着社会的发展、时代的进步，教学模式的创新是必然的。高职高等数学分层教学将面对全体高职院校学生实施，注重学生综合发展，以学生为主体，实行因材施教，为学生营造一个良好的学习氛围，从而提升学生学习信心，增强学生学习的创造性与自主性，使学生树立正确的学习观念、态度、目标。有效提升高职高等数学教学质量，全面发挥高等数学对学生综合发展的作用。

# 第二节　高职"高等数学"课堂的有效管理

课堂管理是课堂教学工作的重要组成部分，有效的课堂管理是课堂教学活动顺利进行的保证。在高职"高等数学"课堂教学中，教师不仅要把基本的知识点教给学生，还要有课堂驾驭能力，能协调、控制好课堂中各种教学因素，使课堂形成一个有序的整体，从而保证教学目标顺利实现、教学活动顺利进行。本节结合高职"高等数学"课堂管理的现状，探讨了有效课堂管理的目标与具体实施途径。

在高职"高等数学"课堂教学中，教师不仅仅是把基本的知识点教给学生，还有一个任务是"管"，也就是说教师要有课堂驾驭能力，能协调、控制好课堂中各种教学因素，使课堂形成一个有序的整体，从而保证教学目标顺利实现、教学活动顺利进行，保证教学效果和教学质量达到预期。这就需要教师做一个优秀的课堂管理者，通过采取各种活动和措施，有效利用时间，创造出良好的学习氛围，提高学生的课堂积极性，从而提高教学质量，保证学生学习效果。

## 一、课堂有效管理目标

在各种课堂管理形式中，纪律严明型和放任不管型比较容易实现，对教师来说会比较省力，但是学生学习的效果就往往不尽如人意了。作为教师，不能把课堂管理简单认为是维持课堂秩序。作为有效的课堂管理形式，理想状态下是一种和谐互动型，以学生的主动学习和健康发展为目标。具体表现在以下几个方面：

### （一）具有积极向上的课堂氛围

有效的课堂管理追求的是课堂气氛的民主和互动，教师注重学生的情感需求，鼓励学生积极向上。课堂氛围和谐民主，不搞一言堂，是课堂有效管理的基础性目标。

## （二）能激发学生的学习兴趣，提高课堂效率

课堂管理的目标不是把课堂管死，而是要让课堂"活"起来，让学生对教学内容感兴趣、愿意听。有效的课堂管理需要教师采取有效的活动去激发学生的学习兴趣，提高学生的关注度，从而提高课堂教学的效率。

## （三）以学生为中心，促进主动学习

课堂管理的最终目标是以学生的自我管理为目标，形成学生愿意学、主动学的内驱力。通过有效的课堂管理，促进学生主观能动性的发挥，最终使其形成自律，实现内在控制。

# 二、课堂有效管理实现途径

高职"高等数学"课堂管理要实现以上有效的课堂管理目标，需要教师研究课堂管理策略，采取积极的应对措施。

## （一）制定课堂规则，规范课堂行为

课堂纪律虽然不是课堂管理的全部，但也是课堂管理的有机组成部分。和谐的课堂氛围需要良好的课堂纪律。课堂规则是形成良好课堂纪律的前提条件，教师应在学期之初制定好课堂规则。课堂规则表述要简短、明确，容易记忆，同时要操作性强。在制定的过程中可以采取问卷调查、学生参与讨论等形式，共同确定课堂规则的内容，这样可以提高学生的自主性。因为是学生自己参与制定的，哪些行为在课堂是合适的，哪些是不合适的，他们会更加清楚，也会更愿意接受和遵守。有了合理的课堂规则，方便学生规范自己的课堂行为，形成良好的课堂纪律，确保教学目标顺利实施，进而提高教学效果和质量。

## （二）增强教学魅力，吸引学生参与

规则制度对于学生而言只是外在的约束，教师要想有效地管理课堂，首先，要注重自身修养，提升人格魅力。平时可以在仪表、仪态、语言、行为等方面加强修炼，增强个人亲和力。其次，要以身作则，以饱满的工作热情和认真的工作态度感染学生。最后，要研究教法，精心组织课堂教学。课堂纪律研究专家库宁认为，成功管理的教师能以良好的教学方法和课堂组织防止问题行为的发生。如果教学内容乏味，教学手段单一，学生的注意力就容易涣散，学习效果就会打折扣。"高等数学"教学内容往往比较枯燥，更需要教师精心进行课堂设计，采用多种教学方法去激发学生学习的积极性。比如在讲解抽象概念时可以从实际案例出发，增加知识的应用性和趣味性，从而激发学生的学习兴趣。在教学方法上要多采用情境教学、案例教学、讲练结合等方法，让学生积极参与到课堂教学中，从而实现课堂的有效管理。

## （三）架构沟通渠道，促进师生交流

沟通是课堂管理的前提，在相互的沟通交流中建立和谐的师生关系，有助于良好课堂氛围的形成。首先，教师要创新沟通渠道，在课堂上给予学生发声的机会，允许学生出错。

面对课堂问题行为时，教师不能简单粗暴地批评和制止，要经常换位思考，想想学生问题背后的原因。其次，要加强教学沟通，让学生明确课堂教学的目标和教学活动意图，参与到教学活动中。

### （四）采取正向激励，帮助学生形成自律

教师在进行课堂管理的过程中必须关注学生的需求。高职学生经历了高考的挫败，更渴望得到认可和尊重。在课堂上，教师要多鼓励、少批评，多进行正面激励。积极向上的激励措施，使规范的课堂行为成为普通现象。"高等数学"课程内容难度大，学生容易有畏惧心理，教师在课堂管理中要多鼓励、认同，对他们每一个小的进步都要及时赞赏。通过教师的鼓励和引导，让学生看到自身的进步，不再畏惧"高等数学"，从而激发学生的主动性，自己将好的课堂行为坚持下去，形成自律。

### （五）借助信息化手段，提高课堂管理效率

高职学生在学习"高等数学"时往往会觉得比较困难，教师考核时要避免一考定终身。通过改革考核方式，体现全面考核和综合评价，评价涵盖学生的知识、能力和态度，并突出能力考核。这种既有形成性评价，又有终结性评价的评价方式，可以通过对学生平时的过程考核实现，课堂上学生的出勤、课堂表现、学习态度等都可以作为考核的对象。这就不仅仅需要教师讲授某个知识点，还需要观察、记录学生的表现。随着信息化技术的发展，各种云课堂、超星学习通、蓝墨云等网络平台纷纷呈现，拿出手机就可以实现 5 秒点完名。教师可以采用信息化手段进行课堂管理、教学互动和教学反馈，并根据学生的课堂反馈及时调整教学内容和教学策略，提高课堂管理和学生学习的效率。

总之，课堂管理是课堂教学工作的重要组成部分，有效的课堂管理是课堂教学活动顺利进行的保证。教师在课堂管理过程中要以促进学生的发展为有效管理目标，积极探索课堂管理策略，不断挖掘适合高职学生的课堂管理途径，通过有效的课堂管理，构建积极向上的课堂氛围，不断提高教学效果和教学质量。

# 第三节　高职高等数学教材建设

高职院校是培养应用型人才的教育机构，理工类专业在开设专业课程的同时开设高等数学基础课程，为学生奠定理论基础，这在开发他们的空间想象能力和逻辑思维能力，解决工作中的实际问题等方面起着重要的作用。要达到高数的教学目的，教材的建设、现代化的教学手段、专业的教学团队都很重要。教材是传授知识和技能的主要载体之一，也是提高教学质量的基础和前提。高数一直强调的教学原则是"以应用为目的，以够用为度"。"够用为度"是一个模糊的概念，是职业能力的发展够用，还是眼前专业学习的够用？也有可能是未来深造够用，到底怎样的教材才能够用？通过调查，笔者发现高数教材建设中

存在一些问题，如教学内容是本科教材的压缩、不适应高职院校的学生、与专业教学内容无衔接等等。这些问题影响高数的教学效果和学生的学习兴趣，尤其教材中的理论太深，给学生带来了学习困难。

## 一、高数教材建设的理论认识

高等职业教育是职业技术教育的高级阶段。它构建于中等教育基础之上，以培养具有综合职业能力和全面素质，从事生产、建设、管理和服务第一线的高等技术应用型人才为目标。有人认为比"普通高等教育"低一档的教育就是"高职教育"，体现在高数教材中，仅仅把普通高校教材进行删减，将例题、习题降低难度，降低要求，这就失去了数学在高职教育中的作用。因此厘清高职教育的定义，是教材建设的向导，也是职业教材建设的理论依据。当然要编写适用性强的职业教材，前提是要明晰高职教育的特点。

## 二、对高数教材的认同度

目前，普遍认为高职数学教材存在的问题是：教材内容通过本科教材压缩，简化定理公式证明，实用性不强，缺乏职业发展的需求，不能与时俱进，不能突出高职数学够用性及适用性的特征，解决专业问题的案例太少，有些数学内容与专业无关或用不上，数学知识的教学不能与专业所需同步。尤其是一些运用数学知识较多的专业课，在教学中需要专业课老师补充相应的数学知识。因此，许多专业老师质疑数学课开设的必要性。同时，学生反映学数学困难，导致专业课老师提出不如取消数学课。其实质是完整的数学体系不适应现在的高职学生，这就迫切需要对数学教材进行改革，走应用化道路。更重要的是高职数学教材应是动态的，要与专业的发展相匹配。想要提高对高数教材的认同度，关键是消除数学不适应高职人才培养的因素，加强教材建设。

## 三、构建适用的高职数学教材体系

数学作为一门基础课程，对专业课学习有重要的作用。数学教材的建设直接影响教学方法，也影响数学课在整个职业教育中的地位。因此在数学教材建设中要着力反映职业特征，打破学科体系，增强数学知识的应用性，对专业人才培养方案进行深入了解，听取专业课教师介绍所需要的数学知识，共同确定数学教材各章节内容。同时在施教过程中，对不同专业的讲解案例进行动态调整。

通过调研，高职教材主要设置为三个模块：一是基础模块，是高数的基础内容，主要学习一元函数微积分，培养学生的数学文化素养，开设所有专业必学的模块。不同专业的实际案例应有区别，如学导数时，会计、金融专业，可选择边际函数进行讲解，而建筑设计、土木施工可选择曲率进行讲解。二是岗位能力培养模块，结合各专业特点进行构建，教学内容根据专业的需要确定，如：软件设计专业，增加线性代数和概率统计内容，模具专业学习空间解析几何。三是选修模块，主要是满足数学成绩好、打算深造的学生，可以设置级数、多元微分、多重积分及数学建模等内容。

## 四、编写适合高职特点的教材

### （一）结合具体知识点引入案例

设置具体问题可以使抽象数学的理论具体化，如讲授无穷大概念时，可以设置问题：一个人开汽车从 A 地出发，以 30 km/h 的速度到达 B 地，问他从 B 地回到 A 地的速度要达到多少时，才能使得往返的平均速度为 60 km/h。学生思考，自然引出无穷大的概念。这样的案例，提高了学生学习的主动性，同时激发了学习兴趣，更重要的是培养了学生应用数学知识的能力。

### （二）增加实际应用减少理论推导

根据高职学生的就业特点，他们不需要搞清楚数学定理、公式的推理过程。在编写教材时，可以去掉一些难以理解的严谨的数学定义，如去掉极限的"E-N"定义，直接描述性定义即可，尽可能地用语言描述或几何图形说明。重点设置一些专业问题或身边实际问题的具体案例，用案例提高学生解决实际问题的能力。

### （三）将数学史知识恰当融入教材中

高职数学教材虽然去掉了一些纯理论性的证明过程，但数学内容的枯燥性、思维的严谨性等是存在的。要解决学习的枯燥性，可引入数学史知识，因为数学史很生动，如果在教材中适当插入一些数学史知识，可以弥补教材的枯燥性，增强教材的可读性，同时丰富的数学史文化可以提高学生的文化素养。

### （四）将数学建模思想融入教材中

数学建模是让学生动手、动眼、动脑，借助计算机的运算、图形功能和方便的数学软件，通过对数值和几何的观察、联想、类比，去发现线索，探寻规律，学习解决实际问题常用的数学方法。在数学建模中，通过分析、解决一些实际问题，亲身感受"用数学"的乐趣，提高学数学、用数学的兴趣、意识和能力。在教材中插入一些经过简化的实例问题的建模过程，有利于学生应用数学能力的发展。

### （五）使用数学软件

数学软件的使用是高职生必须具备的一种能力，一些数值的计算，一些数学图形的描述，通过软件很容易得到。通过数学软件的使用，可以培养学生的动手能力，更重要的能够使一些抽象的理论具体化，如一些高次函数，若通过描点，很难得到精确图形，用数学软件能很容易绘出函数图像。因此，应设置实践操作题，让学生体验数学软件的作用。

## （六）小结及习题的设置

小结不应该只是陈述重点内容，应该明确要解决的实际问题，也可以就一些知识点提出参考书籍，还可以提醒学生易用错的知识。习题设置要有层次性，既要有进一步熟悉公式的习题，又要有解决实际问题的习题，并具体考虑到不同专业的实际。

高职高数教材的建设不是一朝一夕的事情，也不是几个数学教师关起门来能够做到的，要通过大家的参与及长期的调研，也可以通过校际合作进行。学校编写的校本教材，具有一定的适用性，但存在许多需要验证的地方，如有些内容只是与专业教师探讨的结果，有些只考虑到学生的接受能力，没有验证是否满足生产实践需要，是否适应专业发展的需要，这些有待进一步深入企业调研。

# 第四节　高职高等数学考试改革

本节根据高职学生本身的特点，在高等数学教学中积极构建全新的考核方法。该考核方法的主要考核内容就是数学基础知识、软件使用的技能以及实际应用能力，主要的依据就是平时考核成绩、数学软件操作成绩以及期末书面考试成绩。通过实践发现，全新的考核方法使学生学习数学的热情得以提高，且应用能力有了明显的增强，学生的考核及格率也有所提高，所以，值得推广应用。

## 一、教学内容的调整

在高职院校中，在学生学习其他学科以及后续课程方面，高等数学发挥着基础性的作用，能够全面培养学生形成科学的思想方法，增强知识的实际应用能力，使其综合素质得以提高。通常情况下，在各个专业的高等数学教学内容方面，一般所包含的内容都是微积分、概率统计以及线性代数。这些教学内容的学习，能够使学生的抽象概括能力以及计算能力得到提升，同时这些内容也是专业课程中所必须要具备的基础性知识。而在计算工具以及计算技术发展的背景下，高等数学在生活与生产中的应用也更加普遍，所以，将数学软件与数学建模教学内容纳入高等数学教学课程中十分有必要。

某高职院校，与高职高等数学教材编写部门合作，对数学实验这一章节的内容进行编写。与此同时，该高职院校也成为数学实验的教学试点，将数学软件内容作为数学课程的必修项目。另外，该高职院校还参与了当地《应用高等数学》教材的编写工作。该教材成为其高等数学课程改革的重要前提条件，并且发挥了关键的作用，特别是数学实验章节，使很多学生都提高了学习数学的兴趣。通过对数学软件的学习，学生在问题处理方面的能力有所提高，而且能够熟练地运用计算机，对数学知识的应用更加灵活。通过对数学软件的学习，使学生更好地掌握数学知识，并且树立学好数学的信心，更深入地领悟数学知识的重要性与重要价值。

## 二、高职高等数学考试改革阐释

对于高等数学教学的改革来讲，考试改革是重点。对考试方法进行改革，最主要的目的就是能够更好地发挥考试这一形式的指导性作用，对高等数学教学目标的实现效果进行检验，提高学生学习高等数学的兴趣，使其主动参与到学习过程中并学会独立探索，灵活应用数学知识。对考试方法改革能够更好地测试学生掌握数学知识的程度，促进其更好地学习数学知识，实现教学目标。

对当前相对单一的闭卷考试方法进行改革，确保考试方式更加公正与科学，并且可以促进学生的个性发展，增强学生的合作意识与创新精神。在传授学生高等数学知识的同时，还能对其自身的人文精神与逻辑思维能力进行全面培养。

## 三、高职高等数学教育目标及考试模式构建

### （一）高等数学教育目标和内容

1. 基本的数学运算能力

高职学生应当可以对函数极限、导数、微分与积分进行熟练的计算，同时，对二、三阶行列式计算，逆矩阵以及矩阵的秩也是需要熟练掌握的。另外，能对古典概率当中的随机事件概率进行计算并掌握数学软件中的基本性语句。

2. 抽象思维

对函数极限、函数导数以及定积分和函数连续的定义进行深入理解，对随机、离散以及连续这三种数学思想予以了解。

3. 逻辑推理的能力

对数学中的极限函数和无穷小关系定理进行全面理解，对数项级数敛散性判别方法予以熟练掌握。

4. 问题分析与解决应用能力

对积分与导数的基本应用方法原理予以掌握，能够快速算出函数的最值，对不规则的图形面积和体积进行运算。同时，还应当能够求解出两变量线性规划的问题，可以计算出实际生活中的随机事件概率。

5. 自学与创新的能力

学生应当对数学软件予以熟练应用，并且通过计算机做出函数图像，求导函数的极限以及导数和积分等等。同时，应当对数学问题进行自主探索，求解出函数极值。

### （二）考试模式构建

考试最主要的目的就是为了对课程目标的实现程度进行检测，所以，需要按照实际的教学进度，在各教学阶段完成不同教学目标，明确具体的考试形式与方法。因为闭卷考试

的题型相对较多，而且覆盖面很大，比较适用在学生基础知识与理论记忆和理解程度方面。而开卷考试的形式不同，主要考核的就是学生对所学知识理解与综合应用的能力。数学软件上机操作考试是对学生实践能力与创新能力的一种考核。其中，按照高等数学教学内容安排，可以将课程考核划分成三类：

1. 平时考核

平时考核主要针对学生平时作业情况以及课堂测验与章节单元考试成绩，在总成绩中占据 25%~30% 的比重。

2. 数学软件考试

其具体的考试方法就是学生上机单人考试，采用的是试卷集，占据比重为 20%。

3. 期末考试

期末考试的方式是闭卷，在总成绩中的比重是 50%~60%。

### （三）高等数学项目化教学考试方法的改革

在电力学院中，所涉及的专业较多，特别是继电保护专业与集控运行、软件与网络专业等。对这些专业来讲，高等数学的项目化教学十分关键。在改革项目化教学考试方法方面，最重要的就是应当在学生的日常考核当中增加案例考试的比重，每完成一章教学需要进行一次案例考试。而在期末考试中，则应当在考试内容中增加同学生所学专业相关，或者与实际生活相关的案例题目。这样一来，不仅能够使学生在专业学习中应用到数学知识，同时，也能够加深对数学的理解。

综上所述，对高职高等数学考试的改革，使得学生在学习高等数学方面提高了积极性，而且成绩有了明显的提升。这种考试方式能够对学生数学知识的掌握程度起到促进作用，而且可以更好地完成教学目标，打破了传统的考试方式与方法，更真实地反映了学生的学习情况，且实际效果显著，获得了高职学生的认可，为此，应当全面推广。

# 第五节　高职高等数学课程定位

高等数学是高职院校非常重要的一门基础课程，而这门课程定位的准确性直接影响数学及其他专业课程教学质量的提高，更对学生后续职业能力和思维品质的培养有着深远影响。

要回答高职数学课程定位的问题，笔者认为需了解数学教育三个层面的功能：一是理论思维的功能，高等数学体现了人类进行理性思维的方式及能力；二是技术应用的功能，高等数学技术和计算机的有效结合，使得数学成为人们创造财富的生产力；三是文化修养的功能，数学素养早已成为现代人的基本素质的一部分。

然而，近年来高职院校更倾向于重视学生专业技能的培养，过分强调高等数学为专业课程服务的工具性作用，而忽视基础课程对学生终身学习的思维能力与学习技能培养的现象越来越多。很多高职院校在教育改革中全面压缩学生高等数学课程总学时，甚至删除这门课程。笔者认为这种对高等数学课程片面化的认识不利于学生职业生涯的发展及综合素质的提高。因此，对高等数学课程的地位及作用我提出如下几点个人看法：

## 一、高等数学是高职院校的基础课程

高等数学的基础性地位决定了它在自然科学、社会科学及其他领域起到了不可或缺的作用。美国国家研究委员会曾指出："未来的公民将需要极其多样的数学教育，以对付工作场所中的大量以数学为基础的工具、设备及技术——当学生离开学校步入工作生涯中，数学教育极大地体现出个人能从事什么样的工作而不能从事什么样的工作。"如工程造价专业需要运用指数函数等知识计算利率；电气电工专业涉及导数、微积分等相关知识计算工程；机械专业需了解定积分的几何应用、概率、密度函数和方差等基础知识，才能更好地进行机械制造技术的学习。因此，高等数学无疑是高职院校一门重要的基础课程。

## 二、高等数学对学生学历提升具有重要作用

高职学生学历提升越来越被重视，这不仅仅体现在教学中对知识的灌溉，还包括一些常规性的比赛，如高等数学竞赛及数学建模等。这些竞赛对有学历提升意愿的学生起到很好的指导作用，使其不仅提高了数学运算能力，更提高了综合素质。

## 三、高等数学是培养学生职业能力的重要途径

高等数学除了对专业课程起到工具作用以外，还能更好地提升学生的职业能力。当一名学生走出校园后，若不直接从事数学专业，他的数学知识将在两年内全部忘记，但蕴含在他头脑中的数学思想及辩证方法将潜移默化地影响他的一生。

法国哲学家孔德说过："社会学家也像其他人一样，只有懂数学才可获得真正科学的证明意识，形成合理及决定性的思维习惯。"高等数学作为现代数学理念最主要的载体，能够培养学生公理化、模型化、辩证思维等数学思想方法，使学生形成细致、严谨、精益求精、整洁、简练的品质。

在高等数学课程教学过程中，教师会对解题技巧和方法进行大量的科学系统地训练，这对培养学生良好的运算能力起到很重要的作用。此外，高等数学教学中往往需要学生学会观察与实验、分析与综合，这对培养学生逻辑思维能力有着重要影响。对于一些实际问题，考察数学模型、数学问题直观化、几何图形变换等能帮助学生有效提升空间想象能力。这些思维的有效训练能够促进学生个性思品质及全方位能力的发展，能够培养学生创造性地应用数学知识解决实际问题的能力，使学生成为具有一定创新能力的应用型专业技术

人才。

在具备专业技能的基础上，能掌握社会能力和方法能力的人，无疑在事业上发展得更好。总的来说，高等数学课程对学生职业能力的提升不容忽视，对我国高职教育大众化的人才工程具有非常重要的战略意义。

## 四、高等数学对培养学生理性及素质文化影响深远

高等数学是 17 世纪以后工业革命、现代技术革命和人类文明的产物。它是一种文化，具有基础性、适应性、应用性、先进性及教育性等特殊性质，具有其他任何一种教育都无法替代的作用。

数学文化是指数学的思想、精神、方法、观点、语言以及它们的形成和发展。通过高等数学课程的学习，可以从中感受数学文化之美，体验数学文化及社会文化之间的互动，使数学文化和其他文化产生共鸣。李大潜院士也曾说过："高等数学对于增进素质、启迪心智、提高全人类文明程度的重要性和必要性已得到普遍的重视。"因此，高等数学课程是培养学生理性文化和素质文化的文化课。这种文化除在自然社会科学领域起着重要作用外，还以越来越快的速度渗透到社会科学的各个领域中，成为连接社会科学和自然科学的纽带，显示出巨大的启发及推动作用。

毫无疑问，高等数学的定位对教学及人才培养都起着至关重要的作用，不容忽视。只有对高等数学有合适的定位，才能使高等数学教学有更好的发展。

# 第六节　"互联网+"时代高职高等数学混合教学模式

混合式教学模式是信息化时代的产物，它将是教育行业的一次变革。但混合式教学模式在实际应用中遇到了各种各样的问题，阻碍了其在高等数学教学中的实施。通过对存在的问题进行分析、研究，总结出教师与学生是混合式教学模式应用的关键因素，而网络教学平台、教室环境、校园网络等是基础条件。

## 一、混合教学模式

混合教学模式就是利用现代信息技术，借助网络教学平台，充分发挥软件、动画、视频等的直观性、高效性作用，引导学生自主探究、分组协作的教学模式。它将"面对面"的课堂教学与"在线学习"两种方式结合在一起，既充分体现了教师在整个教学过程中对学生的引导和监控作用，又充分体现了学生作为学习的主人所发挥的积极性和创造性作用，以期达到最佳的教学效果。

混合教学模式首先改变了传统的教学模式和学习模式，教师不再为了赶进度、完成教

学任务而教，可以通过网络教学平台引导学生自主学习，通过答疑模块随时和学生互动，解决学生的疑问，学生也不再被动地学习，而是真正成为学习的主人，变以前的"学会"为现在的"会学"；其次，培养了学生熟练运用信息技术手段，分析实际问题、建立模型、解决问题的能力；再次，满足了学生个性化、多样化的需求；最后，新的教学模式的建立，促进了高职教育的数字化进程，提升了高职教育的内涵建设。

## 二、混合教学模式存在的问题

### （一）教师的教学思想、教学观念落后

在高等数学传统的教学模式中，教师的所有教学资料，包括教学授课计划、教学大纲、电子教案、PPT 课件等都是按照传统的教学模式准备的，长期以来几乎固定不变，教师只要掌握较好的专业知识，懂得一些简单的 PPT 课件制作和电脑操作就可以完成授课。但是在信息化形势下，混合教学模式的采用将会使这些内容进行根本性的变革，教师不仅需要跟上新信息技术发展的速度，具备使用信息技术手段的意识、知识和能力，掌握 PPT 课件制作、微视频录制、数学软件操作及 flash 动画制作等，还需要掌握较好的课堂组织能力、策划能力、学习资源提炼能力等。同时，还要建立学习平台，随时随地与学生进行互动，协调好新老教学手段之间的关系，延续对学生的知识目标、技能目标和情感目标的培养作用。这对教师来说，既是机会，也是挑战。

信息化时代下，学生通过网络教学平台进行自主学习，然而网络上出现的海量、纷繁复杂的学习资源，如何取舍将困扰学生，此时教师要帮助学生甄别选择合适的学习资源，在课前通过网络教学平台提供给学生，如相关知识点讲解的微课视频、教学课件、应用案例等。在课堂上，教师要熟练地掌握课堂活动组织策略，成为学生学习过程中的引导者，通过教学活动激发学生学习的兴趣和热情，如开展小组探究式学习、项目式学习、合作式学习、游戏化学习等多样的学习活动。

### （二）学生的内驱力和自学能力缺乏

高职生源类别多，有自主招生、普高生、"三校生"还有"3+2"等。近年来随着高校招生规模的不断扩大，学生素质逐年下降，再加上多年来学生已经习惯了被动学习，习惯了以教师为主体的"满堂灌"的教学模式，这些因素都严重影响了学生自觉学习的能力、独立解决问题的能力。而在混合式教学模式中，学生才是学习的主人，教师只是教学活动的引导者，只有学生积极参与教学活动才能达到好的教学效果。如果学生缺乏学习的内驱力和自学能力，缺乏独立思考的能力，会给教学模式改革带来很大的不确定性，阻碍混合教学模式的实现。

### （三）网络化教学硬件设施环境建设须更为完善

网络在线学习是混合教学模式实现的一个重要环节，大部分高校实现了网络全覆盖，

实施数字化教学的网络基础建设已经完成。为加快优质教学资源的共建共享，利用互联网技术实现课程、教学资源数字化，促进师生互动交流，购买了满足学校日常教学的网络教学平台，并在积极建设与应用实践中。平台以提高教师使用信息化技术手段和教学效果为主要目标，以此来促进教师的教育理念、教学方法、教学手段及课程考核方式等的改革，同时培养了学生使用信息化技术的能力及自主学习的能力，为学生开展个性化学习及碎片化学习创造了条件。

混合教学模式的顺利实施，必须以先进的网络化教学硬件做保证。这就对高校网络教学平台的建设提出了更高的要求。首先要建立成熟的、功能强大的、操作简单的网络教学平台。平台必须具备高等数学网上自主学习功能、作业提交功能、答疑解惑功能、网上自测练习功能、话题讨论功能，还要有相关的配套教辅资料，包括多种优质高等数学教学微视频、详细电子教案、PPT课件、习题库、数学文化、数学建模竞赛等。除此之外还要有强大、稳定的校园网络做支撑，这是混合教学模式实施的前提。

### （四）传统的教室难以适应混合教学模式的个性化需要

目前我国大部分高职院校，所有的教学活动都在至少容纳30人的大教室内进行，桌子椅子一排排摆放整齐，很符合传统的授课模式。但是混合教学模式适用的教室与之有根本的不同，首先混合式教学以学生为主体，提倡学生以小组为单位协作学习，因此教室方面既要求空间的相对独立，又要求空间的联系与沟通。其次混合式教学还需要满足不同类型学生的个性化学习需求，因此学习空间的组合本质上是分散的。而传统的教室，所有学生的注意力都集中在教师身上，很难满足混合式教学的多元化教学形式的需要。

### （五）课程设置和教学管理制度制约着混合教学模式发展

目前所有的课程设置、课程目标、人才培养方案、教学管理制度等都是按照传统的教学模式制定的，这些都是保证传统课堂教学效果的重要手段，但严重阻碍了混合式教学模式的发展。在此环境下，教师疲于授课和完成教学任务，很难精心设计教学内容，不能有效地发挥信息化教学手段，影响教学效果；学生也疲于上课，一、二年级学生每天可以达到8~10节课不等，三年级学生也有4~6节课。学生的时间被严重占用，很难进行自主学习和有针对性的个性化的学习。

## 三、混合教学模式实施的对策

### （一）创新激励机制，加强混合教学团队建设

混合教学不是个别专家、学者也不是个别精英教授的独角戏，而是一种全新的教学理念和教学模式，是专业化的教学团队共同努力的结果，每一门课程的建设都需要主讲教师付出大量的时间和精力，比如进行课程设计与建设任务，主讲教师必须按照既定的教学目标和教学计划建设混合课程，包括模块规划、视频录制、教学活动组织、资料上传等；在

每节课前，教师要求学生做好线上学习，了解本节课学习的目标、内容，学习进度要求等，并观看讲解视频，结合教师提供的学习材料，完成预习任务。课上，教师引导学生以小组为单位进行讨论，形成报告。教师对报告进行批改答疑。之后，教师组织案例演练，组织小组内互评。课后，教师还要组织考核评价，通过在线学习情况、课程作业、课堂表现、在线测试等形式，结合本课的评价要求，对学生做出综合评价。

由此可见，混合教学的每一个环节都需要教师精心准备，并为之付出巨大的努力。因此学校应该出台激励政策来鼓励教师将混合式教学模式的改革进行到底。例如，改变现行的教师考核制度、职称评审制度等，使教师放下心理负担，积极主动地投入到教学改革中，成为混合教学模式发展的真正动力。

### （二）精心设计教学活动，激发学生的内驱力和自学能力

在混合教学模式中，学生是教学的主体，是关键因素，缺乏学生的积极参与，混合教学模式的目标很难实现。因此混合式教学模式主要是构建一个学生积极参与的环境，使他们可以根据教学目标、现有知识技能和共同兴趣自我组织学习。同时，学生的积极性在很大程度上受老师参与和支持的影响，要充分发挥网络技术的优势，加强师生互动、学生互动环节的设计。

教师可以通过以下几点来激发学生的内驱力和自学能力。课前准备。1. 教师在课前首先通过网络教学平台上传课前导学、电子教案、教学课件及微课视频等学习资料，让学生进行自主学习；然后发布课前预习任务，要求学生完成并上传至网络教学平台；最后，对知识点有疑问的学生可以登录网络教学平台的答疑模块，接受教师的个性化辅导。2. 课堂实施。教师首先展示并总结学生提交的预习作业，指出存在的问题；其次引导学生自主探究、分组协作来解决问题；最后对教学重点、难点进行讲解，并发布相关的应用案例，要求学生完成后，由小组派代表来展示成果。3. 课后提升。教师通过网络教学平台发布课后作业，要求学生独立完成并上传至平台；为了巩固所学知识点，学生可以参加平台中的在线测试，此测试成绩实时反馈，让学生及时了解自己的学习情况；对学有余力的学生，可以进入平台中的数学建模竞赛模块进行拓展学习。

### （三）加强高校网络教学平台的建设

在混合教学模式中，个性化、碎片化的学习模式要求学生在学校内可以随时随地利用网络教学平台进行自主学习，这就对网络教学平台的建设者及混合课程的建设者提出了更高的要求，平台功能必须强大、交互界面必须友好、操作也必须简单，同时混合课程的学习资源也必须丰富、内容多样、格式多种，才能满足学生的个性化需求。但网络教学平台的建设及混合课程的建设都不是一朝一夕就能够完成的，需要建设者在使用过程中不断地修改、不断地完善。但是对于习惯了传统教学模式的教师尤其是老教师，要接受并使用平台，还得有一个过程。必须加大宣传力度，提高教师和学生对平台的认识，使平台的各项辅助教学功能的作用得到充分发挥。总之，校园内无线网络的建设是混合式教学模式实施

的硬件基础，教学平台的建设是混合式教学模式实施的前提条件，因此学校在这两个方面都要加大投资力度加强建设。

## （四）建设适应于混合教学模式的教室

为适应信息化下混合教学模式的需求，高职院校应该加大资金投入，建设更多的录播教室及个性化教室，也可以通过改变传统大教室的空间结构，或桌椅摆放形式等实现。教学环境的改变促使学生更新学习理念，营造自主探究、小组协作的氛围，为实现混合教学模式的目标打好基础。

## （五）制定适应混合教学模式的课程设置和教学管理制度

目前，大部分高职院校中，严格的教学管理制度和固定不变的课程设置方案，有利于日常教学管理工作的进行，却不利于"双创"型人才的培养，背离了教育的目标。灵活多样的混合教学模式可以满足学生的不同需要，更大程度激发学生的学习兴趣，改变了学生很大程度上依赖教师与课堂的单一学习模式，有助于提升学生运用信息技术分析、解决问题的能力，为开展探究式学习、自主学习和全天候学习创造条件；能够提升人才培养质量，推动高职教育信息化，提升高职教育的内涵建设。混合式教学模式的实现需要学校从课程设置、教学目标、教学大纲、教学计划、教学内容、课程考核及人才培养方案等方面进行根本性的改变。

混合教学模式是信息化时代的产物，它将是教育行业的一次变革，对教师的教学模式、学生的学习模式和学校的管理模式都提出了新的要求。因此，教师要不断学习，改变教学观念，适应新的教学模式，积极提高自身的信息化素养来完善混合式教学模式；学生要加强自控能力和自觉性的培养，积极适应新的学习模式，学会运用信息化资源进行自主学习，成为学习的主人；学校要改变传统的课程设置和管理模式，加大混合教学模式的宣传力度，给出相应的激励制度来进一步推广和应用混合教学模式。

# 第七章　高职高等数学的基本理论研究

## 第一节　数学建模竞赛助推高职高等数学教学改革

数学教育本身是一种素质教育，数学建模教学与竞赛是实施素质教育的有效途径，不仅能够有效提升学生的数学应用能力，而且能够有效提升学生的创新能力。数学建模可看作横跨在数学理论和实际问题之间的一座桥梁，数学建模竞赛又为我们提供更多培养学生创新能力的好经验、好方法，为高等数学教学改革提供思路，为学生更好地利用数学知识解决实际问题提供创新思路。

### 一、数学建模竞赛与数学教学的有效衔接

实践表明，数学建模竞赛与数学教学的有效衔接，对高等数学教学理念、教学内容、教学方式及课程设置等多方面的改进与完善都起着重要作用，并已经成为现代各高校培养高水平应用型人才的一种重要手段。传统教学模式下，我国高等数学教学过于注重各种数学概念、定理及求解方式的讲解，而忽视了数学知识的实际应用价值。这与当前的素质教育目标相违背，导致培养出的学生不能很好地应用所学数学知识解决实际问题，缺乏创新能力，最终成为无法适应现代社会需求的人。数学建模竞赛有助于帮助师生从传统教学模式的束缚中走出来，去主动探寻数学知识背后隐藏的规律，并指导其在实践中取得突破与创新，而这也正是当前高等数学教学改革的主要趋势。因此，数学建模竞赛与数学教学的有效衔接，对师生关于数学教与学理念的转变、课程的设置与认识等都起着重要作用，有利于激发学生的学习兴趣和创造力，提高学生应用数学知识分析与解决实际问题的能力。

### 二、数学建模竞赛助推高等数学教学改革的要点

#### （一）助推高等数学教学理念改革

传统高等数学教学以教师的讲授为主，学生被动接受各种数学定义、定理及其推导方式等，很多概念与求解方法都靠学生死记硬背记住的，这就大大限制了学生的发散性思维。这种教学模式会让学生逐渐失去数学学习兴趣，不能将其所学知识与社会实践需求相

结合。数学建模教学多以案例形式来开展，更加关注学生的主体性，引导学生灵活运用数学软件进行数学模型的求解与验证，该教学模式更有利于学生形成应用数学知识解决实际问题的能力，充分提高学生的主观能动性。数学建模竞赛进一步加强了学生之间、师生之间的交流，以及对数学建模知识的深入探讨，实现了多学科之间的融通，更有利于高等数学教学理念的转变，转变传统教学模式下高等数学教学思想，始终保持教育理念的先进性，注重教学中学生的主体性，为提高学生的创新能力奠定基础，为素质教育环境下的高等数学教学改革创造条件。

### （二）助推高等数学教学课程改革

数学建模竞赛对提升学生综合素质的作用十分明显，是培养学生综合素质的最有效途径。可借助数学建模竞赛对数学教学中存在问题的进行总结，从而对高等数学课程进行改革。一是合理调整数学专业课程设置，通常高校会将运筹学、数学实验、常微分方程、概率统计等与数学建模关系紧密的课程安排在大三学习，而学生参加数学建模竞赛时还未学习这些课程。尽管数学建模竞赛并不一定会用到这些知识，但是多积累、多学习，必然有利于学生主动将这些知识与所学的知识联系起来，对他们分析解决竞赛中的问题更有利。二是各高校应积极开设数学建模系列课程，在正常教学中增加数学建模竞赛培训课时，重视数学建模竞赛。在培训过程中，注意逐步渗透数学建模思想，改变传统的"填鸭式"教学模式，培养学生提问题的习惯和能力，让学生逐渐接受用数学知识及数学思维解决实际问题的过程，激发学生学习数学的兴趣，提高学生的创新能力。三是有条件的高校，可增设数学建模与计算机实践选修课程，选拔对数学建模感兴趣的学生，着重培养其数学应用与建模能力，突出应用计算机条件下算法的实现，以 MATLAB 教学软件为主，结合具体案例，让学生之间在相互配合中实现建模与求解，提升学生应用计算机进行数学建模的能力。

### （三）助推高等数学教学内容改革

数学是一门演算的科学，主要研究理想化的量化模式，高校学生在学习数学的过程中就应该培养其建模能力。所谓数学教学，从其本质上来讲就是让学生在头脑中输入或建构各种数学模式，数学建模竞赛为高等数学教学内容改革提供了突破口。在高等数学教学内容改革中，一是应以一元微积分为基础，不同专业选择线性代数、积分变换、概率论与数理统计、逻辑代数等内容，使高等数学教学与专业密切联系；二是在高等数学课堂教学中引入数学软件的应用，提高课堂教学的实效性，这既是未来高等数学的教学与应用趋势，也有利于让学生从繁重的计算中得到解放，让学生不再感到高等数学的枯燥与烦琐。

### （四）助推高等数学教学方式改革

当前，各高校基本上都已经形成较为完善的校园网，配备了相应的多媒体教室与微机室，硬件建设基本到位，这就为高等数学教学方式改革进一步创造了条件。在高等数学教学方式改革中，一是可结合专业需求，采用多模块、多层次的教学设计，利用多媒体教学。通过这种生动灵活的教学方式吸引学生的注意力，激发学生的学习兴趣，利用现代化信息资源和计算机，提升学生创造性思维和综合素质。二是可成立数学建模协会，举办校园级数学建模竞赛与培训等活动，形成高等数学教学合理的教学阶梯。通过课堂内和课堂外相结合的教育方式，打破师生界限，互换师生角色，让学生能够在一种轻松愉悦的氛围中，掌握数学知识，并能够主动将其应用到实践中去。三是在高等数学考核上，改变传统考试模式，为学生布置数学建模任务，综合考核学生的思考能力及创新能力。总之，这种教学方式的改革，不仅有利于学生知识、能力和素质的全面培养，还有利于丰富大学生的课外生活，为数学建模竞赛培养更多优秀人才。

## 三、构建竞赛、研究、改革三位一体的高等数学教学运行模式

### （一）形成能力培养目标

高等数学教学目标应注重学生能力的培养，联系实际，深化概念，注重知识的创新与实际应用。教学重点应摆脱普通高等教育中传统数学学科认识，不仅要考虑学科自身系统性的需要，更要考虑学生应用数学方法解决实际问题的能力。此外，还应结合数学建模竞赛的特点与过程，培养学生团结合作、共同奋斗、相互协作的能力。

### （二）创新教学模式

传统落后的教学模式不仅与数学建模竞赛理念不一致，与当前高等数学教学的素质教育要求也相违背。为更好地发挥数学建模竞赛在高等数学教学改革中的作用，创新高等数学教学模式，总结竞赛中的经验与问题，改进课堂教学，将竞赛与教学改革进行结合，积极改革以教师、课堂、教材为中心的传统的灌输式教学方法。在教学中，坚持以学生为中心，形成学生主体性最大限度发挥的教学模式，充分调动学生学习数学的积极性，让学生掌握运用所学数学知识解决生产和生活中实际问题的能力。

### （三）建设优质的教师队伍

教师队伍是支撑数学建模竞赛活动得以成功开展的基础，建设一支优质的教师队伍对更充分科学地应用数学建模竞赛成果，提高高等数学教学改革成效具有重要意义。应在提高数学教师基础知识储量的基础上，提高教师的综合素质与实践能力，以此来言传身教，用教师的实际行动为学生做出榜样。鼓励学生主动将所学数学知识与生活实际相结合，不断创新，严格按照数学建模竞赛的标准要求自己，最终为社会的发展与进步输入更多优秀人才。

综上所述，数学建模竞赛对高等数学教学改革的启示涉及内容广泛，它改变了应试教育环境中墨守成规、机械照搬书本的传统，在开拓学生思维方式、提高学生创新意识等方面发挥了重要作用，尤其是对高等数学教学理念、教学内容、教学方式及课程设置等多方面的改革具有重要的指导价值。

# 第二节　基于学习力理论的高职高等数学教学

　　《国家中长期教育改革和发展规划纲要（2010-2020）》（以下简称《规划纲要》）指出，教育要"强化能力培养，着力提高学生的学习能力、实践能力、创新能力"，其核心思想就是要培养学生的学习力。同时《规划纲要》还提到，质量是职业教育的生命，要以高质量的职业教育培养高质量的技术型人才。《国家教育事业发展"十三五"规划》也提到"教育质量要全面提升"的教育愿景，什么样的教育是高质量的教育呢？能够培养具有高学习力的人才的教育自然就是高质量的教育。怎么着手来提升学生的学习力呢？首先要考虑的问题应该是提升学习力的载体问题，即学生应该学什么以及为什么学的问题。美国著名教育心理学家、哈佛大学资深教授戴维·珀金斯（David N.Perkins）在《为未知而教，为未来而学》一书中，从多个层面、多个角度探讨了"什么知识才是值得学习的"这个问题，并指出"对学习者生活有意义的知识才可能具有长久的生命力"。信息化时代，面对高职院校的学生现状，为了提升学生的学习力，教师应该反思哪些知识是学生应该学习的以及怎么学。还应反思在学习这些真正值得学习的知识的同时，应该如何提升学习力？对于高等数学课程，又有哪些内容是真正值得高职学生学习的？

## 一、学习力

### （一）提升学习力理论的由来及概念分析

　　1972 年，联合国教科文组织在《富尔报告》中针对传统教育受到的挑战，提出了两个相互关联的概念——学习型社会和终身教育，倡导每个人都有必要为自身、社会、经济、政治和文化发展而学习，肯定了终身教育的重要性。1996 年《德洛尔报告》提出了终身学习的综合教育构想和学习的四大支柱——学会求知、学会做事、学会共处和学会做人。我国的《规划纲要》里也提到，"到 2020 年形成适应经济发展方式转变和产业结构调整要求、体现终身教育理念、中等和高等职业教育协调发展的现代职业教育体系"。终身教育、终身学习已成为全球共识。想要在未来世界求生存、谋发展，想要在当今时代取得成功，不被淘汰，"比竞争对手学得更快"可能是每个人唯一可持续的竞争优势。所以不间断地、颠覆性地学习，让自己取得成功所需要的技能和竞争力是适应社会的唯一法则。无疑，使自己具有竞争力以适应这个时代，使自己能够立足于社会，最本质的要求就是具有学习力。质量是职业教育的生命线，而学生学习力的提升是职业教育质量的保证。因此，提升学生的学习力是职业教育应该努力完成的核心任务。

### （二）学习力的内涵与构成

　　哈佛大学柯比（W.C.Kirby）教授在《学习力》一书中提到，学习力是包括学习动力、学习态度、学习方法、学习效率、创新思维和创造能力的一个综合体。对此，可以从以下六个方面来认识。其一，学习动力就是要明白自己为什么要学习，主观目标越明确，学习越有动力。找到自己真正感兴趣的领域，才能最大限度地激发自己的求知欲望，从而在学习中不断克服困难，实现目标。其二，态度决定一切。在学习中必须杜绝投机取巧的心态，只有保持刻苦、勤奋、坚持到底的学习态度，才能得到自己想要的学习效果。学习需要专注、执着，要有从失败中振作的勇气，要培养自己优秀的学习习惯，好的学习习惯是不断提高学习力的保证。其三，学习方法是学习力中最具科学含量的一个要素，学习方法的优劣决定学习的成败。其四，要在学习上保持高效率，懂得取舍，善于安排时间，分清做事的优先次序，排除一切外在干扰，全力以赴，这样才能保证自己无论何时都能以最快的速度、最短的时间从大量资源中获取新知识。其五，创新思维是学习力中最具生命力和竞争力的要素，思维是大脑的主宰，思路便是出路，要具有怀疑精神，能够开放性地独立思考问题。其六，创造是学习力的结果，学习的最终目的是为了创造，在学习基础知识的基础上利用创新思维就可以有所创造、发明。

## 二、高等数学教学反思

　　未来需要的人才是具备创新思维、批判性思维，会解决问题和与人沟通、与人协作的高素质人才。虽然，国家对教育的愿景是高质量的教育，但反观高职院校高等数学课程，依然采用"本科压缩型"的教材，教学内容与专业课没有衔接，教学方式依然是以传统的讲授为主，面对的却是基础薄弱、学习力不足的学生。如何改善未来人才需求、国家愿景和现实之间的矛盾呢？作为教师，需要反思。

### （一）高等数学教学内容的选择

　　"用过去的教材教现在的老师，现在的老师去教育未来的学生"，这句话是目前很多课程教学的真实写照，更是对高职院校高等数学课程的真实写照。信息爆炸、数字化和全球化导致当今世界对丰富的知识、复杂的思维能力和合作能力的要求日益提高，而这种趋势似乎还将以无法预知的方式继续塑造明天的世界。面对如此快速发展的复杂的时代，学生必须为未来而学习，而首先应该考虑的就是学什么的问题。高等数学作为高职院校的公共基础课，首先要满足专业课的需求，在教学内容的选择上要与专业课结合，构建跨学科的交叉知识，让学生能及时了解所学数学知识如何解决专业问题。这样，首先，能使学生加深对所学数学知识的理解，提高学习兴趣，同时也可以让他们知道怎样学以致用，提高解决问题的能力。其次，高等数学还应让身处信息爆炸、大数据时代的学生掌握一定的信息辨析和数据分析能力，概率与统计分析方法等应该作为高等数学的教学内容。最后，高等数学的教学内容还应该包含数学建模和计算机科学知识，因为借助计算机软件进行数学建模练习，可以提高学生分析问题、解决问题的能力，而这正是信息时代所急需的能力。

## （二）高等数学教学方式的反思

随着互联网时代的到来以及未来人才需求标准的提高，高等数学教学不能只是强调数学知识的讲授和计算的熟练程度与准确性，而要侧重思维方式和技能的培养，侧重培养学生的探究能力、批判性思维和创新思维。高等数学应该改变传统的知识讲授教学方式，将高等数学与其他课程有机结合起来，引进建模思想，设计开放性的问题或者项目，让学生亲身体验项目或问题的研究过程，学会学习和思考，学会用所学知识解决问题，体验成功的喜悦，从而唤起学生对高等教学的学习兴趣和学习热情。兴趣可以激发学生的学习动力，学习动力能促进学生的学习进入良性循环状态，从而提升学生的学习力。

## （三）高等数学学习方法的掌握

联合国教科文组织前总干事纳依曼曾说过，今天教育的内容 80% 以上都应该是方法，方法比事实重要，我国古代也有"授人以鱼，不如授人以渔"的说法。所以，学习的技术和方法是最有价值的知识，是高效率学习的保证。有关文献研究结果也表明，在学生遇到的学习问题中，学习方法问题在一定程度上给学生造成心理压力。而高职学生学习高等数学不理想的重要原因之一是没有找到适合自己的学习方法或者说是不会学习，因此有必要给学生讲授高等数学的学习方法。学习高等数学要注重课前预习，课堂上要认真听讲，课下要及时复习，重视对数学概念的理解，了解数学概念产生的背景，能应用数学概念去理解问题，重视深层次的学习。同时还要进行适当的练习和重复，内化吸收解题技巧。另外，还可专门开设关于学习方法的课程，如《学习学》。或者给学生介绍国内外关于数学学习方法的优秀书籍，如《学习之道》。学生掌握科学的学习技术和方法，会让学习达到事半功倍的效果，从而激发其学习动力，提升其学习力。

## （四）指导学生高效能自我管理

习惯可以成就一个人，也可以毁灭一个人。无论是高等数学课程还是其他课程，良好的学习习惯是高效率学习的重要保障。作为教师，有必要指引和帮助学生养成好的学习习惯，学会合理支配时间，有效管理自己的学习。首先，应教育学生对待数学学习要积极主动，不要有畏难情绪。其次，指导学生学习要"以终为始"，即先定好数学的学习目标，然后认真思考和坚持完成，养成好的学习习惯。再次，在用数学知识解决问题的时候，首先要确定解决的问题是什么，然后理清解决问题的思路，再寻找解决问题的方法。学生可以给自己准备一个效率手册，列出所有解决问题的步骤，分析问题的重难点，按"要事第一"的原则合理解决问题。另外，要引导学生在数学课堂学习之后有计划地反思和回顾所学内容，养成总结梳理数学知识的良好习惯。最后，引导学生在分组解决数学问题的时候，要学会合理分工和与人协作，提高完成任务的效率，尤其在参加数学建模竞赛中，积极、坚持、认真思考、与团队成员合理分工，是最终完成任务的保障。

21 世纪需要的人才是思考者、创造性解决问题者、与人合作者，会学习、能提出新想法是 21 世纪人才所需要的主要能力。因此，作为教育工作者，要真正从学生的需要出发，反思要教什么以及怎么教的问题，真正为学生的未来考虑，帮助学生成为会学习的人，以应对未来的挑战。

# 第三节　高职高等数学在线课程建设的现状与策略

教育信息化的发展要以教育理念创新为导向，以优质教育资源和信息化环境建设为基础，以学习方式和教育模式创新为核心。这些都要求对高等数学的学习不是简单地掌握数学这门工具，数学不仅要培养学生解决专业学习中的具体问题的能力，还要培养学生自主学习能力、创新能力、分析问题和解决问题的能力。而目前大部分高职院校学生的数学基础较差，学习数学的积极性不高，学校未充分重视高等数学的教学，教学方法枯燥单一的现状已成为高职高等数学教学亟待解决的问题。基于微课的高职高等数学在线课程建设与开发为实施信息化教学，提高教学效果打下基础，基于信息化平台的"主动式"教学模式能给高职高等数学教学注入新的活力。

## 一、面临的问题

### （一）对信息化教学缺乏足够的认识

虽然近几年，教育部都在大力提倡信息化教学，省部级都以不同形式组织信息化大赛、微课大赛等，但只有接触过这方面的老师比较认同信息化，没有接触甚至不了解的老师仍然停留在传统教学的理念上。由于在线课程搭建是一个非常繁杂的工作，很多教师对信息化教学甚至持排斥的态度。接受新生事物，并利用其为我们的教学服务，首先要改变观念，提高思想觉悟，紧跟时代潮流。这是我们利用在线课程提高教学质量的前提。

### （二）缺乏较好的在线课程教学平台

很多在线教学平台在推广的最初阶段都是免费的，等知名度稍微提高一点就要收费了，就需要通过学校购买平台和相关资源。目前，很多实力较强的高职院校都会和相关平台合作开发具有本校特色的在线课程。但有些实力较弱，信息化教学不受重视的学校仍然大部分采用传统教学方式，有个别老师想进行在线课程建设也是心有余而力不足，缺少可以实施的平台。学校能提供一个良好的教学平台是在实施线上课程的基础。

### （三）缺少在线课程制作团队

在高职院校，缺少高等数学在线课程建设团队。高等数学属于基础课程，在大多数院校都未能受到重视，所以师资团队较薄弱，人员较少，而且大多数为年纪偏大的教师，三五年都不进新教师，没有及时补充新生力量，造成师资结构"青黄不接"的局面。而部分老教师不熟悉信息化手段，也不愿意学习和应用。高等数学在线课程建设是一项工作量较大的工程，单靠某一两个老师来做是不行的。构建一支团结、分工明确、积极合作的制作团队是在线课程建设的关键。

### （四）对信息化技术掌握不够

很多高职院校对信息化技术的培训力度不够，每年就派几个专业课教师出去学习，对基础课教师的培训少之又少，而且学习时间短，学不到太多实质性的东西。培训人员覆盖范围小，力度不够是造成教师对信息化技术掌握较少、不会的根本原因。同时，相关信息化技术的掌握不是一蹴而就的，即使有集中培训的时间，还要求教师自身多探索、多实践，这样才能真正实现信息技术为我所用，为教学所用。掌握的信息化技术是构建在线课程的手段。针对高职院校高职数学在线课程建设面临的问题，应该从学校层面与教师层面进行努力，争取有所突破，从而充分利用信息化手段，构建在线课程资源，化被动为主动，提高高职院校学生数学学习兴趣，提高其数学学习效率，形成良好的数学学习氛围，培养学生良好的数学文化素养。

## 二、应对策略

### （一）高职院校应重视数学在线课程建设

数学作为基础学科，能有效地提高学生的逻辑和思维能力，并能培训学生分析问题、解决问题的能力，数学建模还能帮助学生形成解决实际问题的能力。学校要积极引导数学教师利用信息化手段，并为其提供在线课程平台，使之构建在线课程资源，从而为高职数学教学服务。

1.提供良好的在线课程建设平台

学校可以邀请技术团队打造自身的在线课程平台，也可以与第三方合作，购买其在线平台使用权，这样不仅可以发掘自己的资源，也可以分享其他方的优秀资源，实现合作分享与共赢。各种方式都有各自的优劣，应根据本校特点，权衡利弊，选取一种更有利于自身发展、更有利于在线课程开发和应用的方式。

2.重视数学教师师资队伍的结构

高职院校对数学教师队伍的结构应重视，关注年龄结构，要重视新生力量的引进。构造一支以中青年教师为主体、年轻教师与老教师为两翼的数学在线课程建设团队。年轻教师与中年教师对新生事物的接受能力较强，技术学习更快，信息化手段利用起来也更熟练，所以学校应该重视中、青年教师的引入。

3.重视引进来、走出去的技术学习

构建高职数学在线课程需要多元的信息化技术支持，学校要给予老师相关方面的学习机会，可以把专家引入学校，对大部分教师进行集中培训，通过集中学习的方式不断提高教师应用信息化技术的能力；同时也可以组织教师去参加由一些团体组织的在线课程建设培训，或者观摩其他院校的在线课程建设方法和成果；鼓励教师参加信息化大赛、微课大赛等，从本质上提高教师在线课程建设的能力。

4.提供必要的资金支持和激励政策

对于构建在线课程的教师，学校应充分调动其积极性，可以适当地给予政策支持和资金补贴。有些技术的学习和应用有很大的难度，可以通过资金补贴等方式，允许教师团队适当借助校内外的工作室和技术团队来打造线上课程。同时也可以在年终考核、职称评审等方面对在线课程教师给予一定的政策激励。

### （二）数学教师应注重自身的成长和教学方法的优化

高职院校数学教师应注重自身的提升，积极主动参加在线课程建设培训，并多应用、多实践、多探索。团队方面要合理分工，团结协作，注重团队合作的力量，高效率、高质量地构建在线课程资源。积极引导学生适应信息化手段，利用在线课程资源自主学习。逐步改变传统教学方法，实现从传统教学方法到现代教学方法的转变，并要注意细节的实施，实现线上和线下的对接，从而不断改进和优化教学方法，使之更好地为教学服务。高职高等数学在线课程的建设和应用需要通过学校、教师、学生各方面的努力，也需要平台、技术、资金和政策的支持。只有正确地引导和合理地构建、恰当地应用才能为高职高等数学教学服务。

# 第四节　PBL 模式在高职高等数学中的应用

高等数学晦涩、抽象，在传统的"灌输式"理论教学模式下，学生学起来吃力，教学效果欠佳。新形势下，要想让学生理解掌握数学的"具体"，就必须将复杂、难懂的内容具体化、形象化、直观地展示在学生面前。而 PBL 教学模式以问题为导向、坚持以学生为中心，重视团队合作，是一种创新有效的教学方式。本节重点探讨 PBL 模式在高职高等数学中的应用。

高等数学是高职院校工程技术类、电子信息类、经济管理类等专业的必修课程，作用重大。长期应试教育体制下，高职院校学生基础薄弱，学习能力、学习态度、学习习惯都不如普通本科院校学生。传统的教学模式无法满足高职院校学生的需求，而 PBL 教学模式重视基础知识，注重提高学生的数学能力、实践能力，还能有效激发学生学习兴趣、提高学习积极主动性，提高教学有效性，从而完成教学目标。因此，新形势下，PBL 模式是非常符合高职院校高等数学教学需求的创新的教学模式。

## 一、相关概述

### （一)PBL 模式的概念

PBL 模式的全称是 Problem-Based Learning，是一种问题导向教学模式。不同于传统的应试教育以教师为中心，采用灌输式理论教学，PBL教学模式始终以学生为主体，教师作为引导者、指导者，始终围绕"问题"来创设良好的教学情境，引导学生自主学习、合作探究，从而培养学生独立思考、分析问题、解决问题的能力，培养创造性思维能力，提高人际交往与团队协作能力。

### （二）PBL 模式的优势

1. 以问题为核心，有利于实现高等数学教学目标

PBL教学模式，始终以问题为教学内容的核心。教师抛出问题，引导学生解决问题，从而掌握数学知识。在解决问题的过程中，全面理解和掌握"三基"，利用不断发现、解决新问题来提高学生综合运用所学知识分析、解决问题的能力。有利于激发学生的学习兴趣与热情，充分发挥学生的主观能动性，提高高等数学成绩，完成教学目标。

2. 坚持以学生为主体，提高学生高等数学学习能力

PBL教学模式尊重和发挥学生的学习主体地位，为学生营造轻松、愉快的学习氛围，激发其学习主动性，使其自由表达自己的观点，让学生在理解掌握"三基"的同时，全面提高各种能力，如搜索查阅文献能力、归纳总结能力、推理分析能力、独立思考能力、人际交往能力。

### （三）重视团队协作，提高学生的团队合作意识

分组交流、团队协作是PBL教学模式的一个关键部分，将班级学生均分为几个小组，每组成员尝试从不同角度、不同层面去分析问题，每个小组成员分工明确，各司其职，相互交流和学习，从而共同解决问题。这种教学模式大大激发了学生学习兴趣，培养了学生的团队合作意识和能力。

## 二、现阶段，PBL教学法在高职院校数学教学中存在的问题

### （一）学生方面

1. 由于高考生来源的限制，高职院校学生多是高中阶段学习成绩差的学生，学习态度、学习能力和学习习惯都存在问题，因此，学生自身素质不高、发现和解决问题的能力不强。

2. 传统灌输式理论教学根深蒂固，学生被动接受知识的模式一直难以完成改变，学生过分依赖教师，缺乏主动性和独立思考的能力，突然采用PBL教学模式，学生一时难以适应。

3. 多数学生缺乏团队意识和团队协作的能力，他们喜欢各自为战，导致PBL教学模式一时难以取得成效。

### （二）教师方面

1. 教学观念难以转换

现阶段，我国的PBL教学模式尚处于初级阶段，缺少成熟的教学思路以及可借鉴的

经验。教师长期以传统教学法为主，对 PBL 教学法存在疑虑，且教学经验不足，一时难以转换教学观念。在采用 PBL 教学模式时，一旦学生遇到困难，影响教学速度，教师就忍不住讲解，成为主角，最终，PBL 教学模式转成了小班讲课。

2. 师资力量薄弱

PBL 模式采用小班教学，需要大量的教师，现阶段，高职院校中熟练运用 PBL 教学模式的教师不足。另外，PBL 教学模式要求教师有过硬的本课程专业知识、专业技能水平的同时，还学有丰富的交叉学科知识，要求教师能把握教学节奏、熟练处理突发情况，引导学生发现—分析—解决问题，显然，由于教育方式、专业知识水平、工作经验、社会阅历的局限，高职院校教师的教学水平无法达到 PBL 教学模式的需求。

### （三）教学环境方面

PBL 教学模式的教学成本、教学资源相比传统教学模式会有所增加。首先，现阶段，高职院校资金缺乏、软硬件设施不齐全、教学和实验设备不足；其次，图书资料也仅限于书本与教师提供的资料，资料的质量与数量都十分有限；另外，高职院校高等教学缺乏完善的与 PBL 教学模式配套的教材和课件，如此种种，都大大增加了 PBL 教学模式的难度系数。

## 三、新形势下，提高 PBL 模式在高职高等数学中应用有效性的具体对策

### （一）转变教学观念，提高教师综合运用 PBL 教学法的能力

首先，PBL 教学的主要流程为：提出问题→建立假设→收集资料→论证假设→总结。PBL 教学模式全程设置问题情境，以学生讨论为主，教师讲解为辅。因此，这就要求教师必须转变传统的教学观念，转变教学角色，引导学生自主学习。

其次，教师与学生应是朋友合作关系，教师应结合高等数学教学目标，客观评估学生整体水平和学习能力，以此为基准，提出难度适中的问题，然后引导学生根据问题来进行分析和解决。教师应科学指导学生，及时了解掌握学生对知识点的掌握程度、个人与学习小组学习情况等，加强对学生的鼓励，倾听学生的意见，提高学生学习自信心与积极性。值得一提的是，教师切忌过分干预学生的学习，如此会限制学生的思路，影响其创造性思维的发挥。

笔者认为，PBL 教学法需要教师有过硬的综合素质，因此，必须加强对教师的培训，引导教师掌握 PBL 的基本知识与组织结构，理解掌握教学中的指导技巧、指导方法等，及时丰富自己的知识储备、完善知识结构，提高教学能力，最终灵活运用 PBL 教学法来提高高等数学教学的有效性。

## （二）高效利用传统教学法，加强 PBL 教学法的针对性

首先，高职院校高等数学的内容以基础知识、基本理论为主，抽象难懂、枯燥乏味，很容易引发学生的抵触心理。其次，高等数学中章节直接联系密切，很多内容互相交叉、互相联系。再联系高职院校学生学习能力、学习态度的实际情况，如果只单纯采用 PBL 教学模式，让学生自己围绕问题以小组的方式进行讨论、分析和解决问题，难度系数比较大。由于高职院校学生的自学能力弱、基础知识不扎实，多数情况下会出现面对问题不知从何入手、找到正确的解决问题的思路耗费时间长、提出的部分问题缺乏针对性、找不到解决问题的关键等情况，最终无法实现教学目标。由此可见，PBL 教学法在我国高职院校中的运用尚存在不足。

另外，传统的教学模式根深蒂固。大部分教师受专业培训，严格按照教学法大纲的要求，立足于学生实际情况，有组织、有计划地开展教学活动，教师讲、学生听，因此，教师的一言一行都会对学生今后的生活、工作和学习产生较大的影响。高等数学的知识结构系统性强，传统教学法使学生的基本功更扎实，但其以教师为主体、学生被动接受知识的模式大大限制了学生的兴趣与积极性，不利于学生综合能力的提高。因此，笔者认为，对于 PBL 模式与传统教学模式，我们应有选择地运用，在实际教学过程中，高度结合两种教学模式的优势，科学分配教学课时，安排学习时间。首先利用传统教学法来讲解高等数学基本知识、基本理论，以帮助学生建立一个系统完善的基础知识框架。然后，随着学生知识慢慢积累，在此基础上采用 PBL 教学法，引导学生推理分析，查找资料文献解决实际问题，提高其数学综合能力，培养其对所学知识的综合运用的能力。在 PBL 教学模式中，穿插各种基础知识的部分知识点，从而提高 PBL 教学法的针对性。

## （三）加强教学环境建设，提高 PBL 教学法的有效性

学校应高度重视采用 PBL 教学法，加大资金支持力度，严格控制班级人数，每班不超过 45 人；加强图书馆建设，丰富藏书种类和数量，增加网上文献库的数量；加强教学、实验等软硬件设备建设，如多媒体设备、网络资源等；教室桌椅应是可活动的，方便学生分组讨论、情景展示；在校园内营造 PBL 教学氛围，如设置一对一对的桌椅，方便学生学习，从而提高教学有效性。

## （四）创新教学评价模式，促进 PBL 教学法深入实施

笔者认为，PBL 教学模式中，学生期末总成绩可包括期末考试成绩与平时成绩。期末考试成绩占比 60%，采用笔试形式，包括基础与扩展部分；平时成绩占比 40%，针对学生整个学期的表现进行评价，包括学习主动性、积极性、分析解决问题的能力、团队协作能力等。值得一提的是，应根据教学过程中发现的问题以及学生的反馈及时调整评价方式，教学相长，提高教学质量，促进 PBL 教学模式持续深入开展。

综上所述，PBL 教学模式在高职院校高等数学教学中的作用重大，能有效提高学生对所学内容的理解和掌握，提高学生的独立思考能力、创造性思维能力以及团队合作能力，

大大提高教学有效性，各院校应根据实际情况充分发挥 PBL 教学模式的优势，来提高本校整体教学质量。

# 第五节　SPOC 在高职高等数学教学中的应用

在全球开放式课程热潮的推动下，大规模网络开放课程 MOOC 应运而生，并受到了国内外教育界的广泛关注和推广应用。近年来，随着高等教育信息化的建设与发展，信息技术与教育技术深度融合，推动了高等教育的发展，对教师的教学模式、学生的学习模式和学校的管理模式都提出了挑战与要求。高等数学也要适应教育发展的大趋势，提高教师信息化素养，提升教学质量和效率。在高职高等数学教学中运用 SPOC 教学模式是一种新的尝试，对推进高职高等数学教学改革具有一定的理论和实践意义。

## 一、SPOC 的概念

SPOC（Small Private Online Course，SPOC）即小规模限制性在线课程，是与 MOOC，即大规模开放性课程相对而言的。SPOC 对选课者设置了限制性准入条件，只有达到一定要求才被允许进行 SPOC 课程学习。SPOC 教学模式主要针对在校大学生实施翻转课堂。SPOC 教学的基本流程是，教师上传学习资料让学生课前自学，然后在正式课堂上给学生答疑解惑，与学生一起进行交流讨论、协作学习等活动。

## 二、SPOC 在高职高等数学教学中应用的优势

### （一）契合高职数学的培养目标

高职数学课是为专业课服务的，其目标是提高学生的职业能力、职业素质，为学生后续学习和可持续发展做准备。数学课程的应用性和实践性越来越受到重视。但受学时和教学条件的限制，建模教学和实验教学流于形式或只能在少数学生中开展，削弱了数学的实用性，忽视了对学生能力和素质的培养。在 SPOC 教学模式下，学生根据所需，通过网络获取学习资源，然后反复观看自学基础理论知识。教师在授课过程中，主要解答学生的问题，重点培养学生用理论解决实际问题的能力。这样不仅能丰富学生的理论知识，而且能够更好地提高学生的实践操作能力。

### （二）符合学生的学习心理

高职生数学基础普遍薄弱，学习数学的信心不足，但是他们对网络应用非常熟悉和了解。SPOC 教学模式容易吸引学生的注意力，使他们很快进入角色。SPOC 课程视频时长一般为 8 ~ 12 分钟，便于学生利用碎片化时间学习和移动学习。课程内容被细化，一个

课程视频只讲解一个知识点或者一个问题，有利于学生学习和掌握，且注意力不易分散，能充分调动学生的学习积极性，更好地提高教学效率与质量。同时，学生因接触到世界最新技术和最前沿数学知识产生了愉悦体验与好奇心，有利于激发他们学习数学的积极性与兴趣。

### （三）增大高职生学习高等数学的弹性需求

高职生的学习需求具有多样性，他们有的有就业的需求，有的有升学的需求。高职教育并不阻断学生的升学道路，高等数学课程也应考虑学生后继发展的需要。而让高等数学既能满足学生需求又不增加学生负担是非常困难的。SPOC 模式可以满足泛在学习的需要，增大高职生学习高等数学的弹性需求。学习视频以微课程的形式呈现，学生能根据自身情况和学习特点自由掌控学习时间和地点，调整视频节奏，有效地内化理解知识。学生因故缺课，也不必担心落下进度，跟不上教学节奏，既方便按主题学习，又便于利用碎片化时间学习，还可以借助移动平台在课堂外的场所进行学习，能较好地解决学习内容、进度和效率的差异性问题。

### （四）有利于教师创新课堂教学模式

传统的课堂教学一般由教师独立承担，任课教师一个人就承担了课程设计、课程开发和授课的全过程。课堂教学质量的高低取决于教师个人的教学能力和授课方法。而在 SPOC 教学模式中，教师是课程资源的学习者和整合者。他们不必是课程教学中的主角，也不必进行每节课程的教学准备工作，只需根据学生实际，整合各种线上与实体资源。在线上，教师观察和跟进学生的学习进度，掌握学生的学习效果。在课堂上，教师的角色是指导者和促进者，组织学生分组讨论，为学生提供个性化指导，帮助学生解决遇到的难题。对于一些操作性强的内容，可采用举办专题讲座、进行演示操作等方式，大大节省了教师备课和重复讲解的时间，他们腾出更多时间整合资源或与学生交谈，有利于激发其教学热情和课堂活力，创新课堂教学模式。

## 三、对高等数学教学中应用 SPOC 的建议

MOOC 教学是单纯的在线学习，比较适合自主学习能力较强的学生，对自控能力和高等数学学习能力双差的高职生来说，其收效甚微。而 SPOC 作为 MOOC 的补充，不能替代传统课堂教学，但可以用来强化教师的指导作用。采用 SPOC 模式既可以弥补 MOOC 的不足，又能活跃课堂教学，提高学生参与度，提升教学质量。在高职高等数学教学中开展 SPOC 教学改革是一项系统工程，需要多方面的努力，教师要正确处理 SPOC 和传统课堂教学的关系，理性对待 SPOC 带来的机遇和挑战；教育管理部门需要出台相关政策、提供资金扶持 SPOC 资源建设；高职院校要改革课程质量评价体系、教师考核标准、薪酬激励制度等，并在人力、物力、技术等方面给予大力支持。

SPOC 把 MOOC 与传统课堂教学的优点兼容并蓄，将被广泛应用于教育领域，以实

现优质资源共享，为促进教育公平服务。高职高等数学教学中应用 SPOC 模式，能使高职生通过学习、思考、整合信息，将课程知识内化形成自己的认知，是运用信息技术实现高效教学的现实途径，能够体现在线教育的价值所在。SPOC 模式以学习方式和教学模式的创新为核心，对推进高职院校高等数学教学改革、提升教学质量具有一定的理论意义和实践意义。

# 第八章　高职高等数学的信息化

## 第一节　融入数学实验的高职高等数学教学

高等数学是高职院校面向理工科学生开设的一门公共基础课，也是学生比较畏惧的课程之一。目前高职院校学生因为实训、实习时间增长，所有理论课尤其是公共基础课时都在缩减，高等数学由原来的所有专业都开设，变成只有部分专业开设；由原来的开设两学期 128 课时，变成现在只开设一学期 64 课时。在这么少的课时里要将所有的教学内容传授给学生，并要求他们积极有系统地学习，高等数学教学模式要不断改革才能实现这个要求。自 2012 年起，我们尝试将数学实验融进了正常的高等数学教学，使得长期以来，高等数学负担重、枯燥乏味、学生学习积极性不高的问题得到了解决。

### 一、主要概念解释及理论依据

数学实验是一种全新的高等数学教学手段和模式，是利用计算机设备和一定的数学软件，将数学知识、实际问题与计算机应用有机结合起来，使高等数学教学从单纯的教师讲课、学生听练模式发展到利用现代信息技术师生共同学习的模式，为我们在高等数学教学中将"数"与"形"结合起来提供了条件，其目的是通过实验把学生从繁琐的计算中解脱出来，去理解高等数学中较为抽象或复杂的内容。它是实验者运用数学软件，在数学思维活动的参与下，所进行的一种数学探索活动。

从 1996 年开始，国家教委工科指导委员会就着手论证数学教学改革的途径和方法，其中有一条就是增加数学实验教学，2000 年，在教育部高教司主持编纂出版的《高等教育面向 21 世纪教学内容和课程体系改革计划系列报告》的《高等数学改革研究报告》中，把数学实验列为高校理科类专业的基础课之一。

### 二、数学实验在高等数学教学中的作用

传统的高等数学教学方式比较注重理论性的数学指导，教学方法往往就是以课堂为中心，从概念出发进行理论教学，数学实验的开展是对传统教学活动的一种补充和辅助，它使教师真正改变"讲解法"的授课方式，让高等数学有了"实践性"的教学环节。

## （一）促进高等数学教学改革，帮助学生认知数学概念

有很多学生对高等数学中一些比较抽象的概念、定理等不理解，而概念、定理又是高等数学的基础，如果基础不扎实，很难进行后面知识的学习，针对这种情况，在数学实验课上教师利用编写好的动态演示程序，直观地帮助学生理解难懂的概念、定理。比如"数列极限"这个概念，学生对"无限趋近"和"得到"这两个名词容易混淆，采用数学实验这一教学方式，可以把数列的通项随项数 n 变化的过程动态显示出来，学生可以亲自参与，很形象直观地体验"无限趋近"。数学实验加深了学生对数学概念的理解，为后面的学习提供了基础保障。

## （二）提高学生的学习兴趣，调动学生学习的主动性

数学实验课的引入，给高等数学课程注入了许多活力，传统的数学教育是以教师讲解为主，由于课时短、教学内容较多，很多时候还是会进行"填鸭式"教学，教师在课堂上很难全方位地顾虑到学生的参与程度，学生除了几道课堂练习几乎没有其他的参与方式。数学实验是学生在教师指导下自己进行实验，全程完全参与，而且以学生为主体。数学软件简单、方便、快捷不易出错的特点，可以大大增强学生的好奇心，使学生从中获得成功的快乐，培养了学生的学习兴趣，调动了学生学习的主动性。在数学实验课上，你会发现即使是平常不爱学习的学生，也会很主动地向老师或同学请教。只有学生主动参与进来的学习才是快乐学习，也才能达到教育的目的。

## （三）引进了 MATLAB 数学软件，培养学生借助数学数学软件解决实际问题的能力

数学教育的目的在于培养人的理性思维和科学能力。科学能力在传统的数学教学中很难完成，掌握数学技术、形成数学技能必须运用数学实验的模式加以实现。数学软件是专门用来处理数学问题的软件，MATLAB 是最著名的、使用频率最高的数学软件之一，它的主要功能是数值计算、数学规划及绘制数学图形，在 MATLAB 软件的帮助下，再复杂的数值计算都变得简单明了，对于现在、身处信息化时代的学生来说，计算机操作是一件非常简单也非常乐意去做的事情，他们或许不太愿意在课堂上去听数学老师的理论推导，但他们却很愿意自己动手解决那些在他们看来很难做的数学习题。将高等数学内容与专业课相结合，通过 MATLAB 软件，在老师指导下，让学生自己去解决他们专业课中的相关问题，大大提升了学生解决实际问题的能力，体现了数学作为"工具"的地位。

## （四）使数学知识简单化、形象化，对学生进行多元化评价

数学实验课可使数学思维形象化，从而能改变原来数学抽象的面貌，使枯燥的数学理论变得生动有趣。数学实验的加入也改变了原来的高等数学评价方法。我们专门建立数学实验试题库，平常学生可以自行登录练习，最终数学实验进行上机操作考试，计算机计时、登录成绩，而数学实验的成绩占高等数学最后总评的 40%，有很多学生高等数学笔试成

绩不理想，数学实验却能得到高分，这样就大大提高了高等数学的通过率。以往会有学生认为"反正我最后考试也过不了，还不如索性不听了"，而数学实验是零基础，只要学生会计算机操作，课堂上能多加练习，就会给他们带来丰厚的回报，大大激发了学生的学习热情。

数学实验融入高等数学教学是信息化社会和知识经济时代发展的客观要求，是高等数学改革的必然趋势，也是学生认识数学规律、掌握数学技能的有效途径。它的优越性不容置疑，是经过实践证明的，但是，我们也要看到任何事物都具有两面性，我们不能过分夸大数学实验的作用，而忽略了传统高等数学教学的优点。数学实验是在不增加高职高等数学总课时的情况下进行的，因此高等数学教学内容的选择，教师要合理把握，哪些内容精讲、哪些内容删减都要认真探讨。如何合理设计数学实验内容，通过数学实验提高学生的数学应用能力，是值得每一位高职高等数学教师认真思考的问题。

# 第二节　高职高等数学动态教学建设

高等数学课程是高职院校各专业一门重要的基础课，它不仅为学生学习后续课程和解决实际问题提供了必不可少的数学基础知识和数学方法，也为培养学生的思维能力、分析和解决问题的能力提供了必要的条件。因此，高等数学知识掌握得好坏直接影响到后续课程的教学以及高质量人才的培养。目前，高职高等数学课教学存在许多问题，不利于高职院校培养高素质的人才，因此，高等数学课的教学必须进行改革，根据学生的实际情况进行动态调整。

## 一、高职高等数学课动态教学建构的必要性

高职教育是以培养高素质技术应用型人才为主要目标的高等教育，因此高职高等数学教育必须为这一总的培养目标服务。而且，高等数学是为其他专业服务的高职课程中的一门公共课，主要包括《微积分》《概率统计》《线性代数》等。内容多而课时少，因此要遵循"必须，够用，适度"的原则。使学生用尽可能少的时间和精力获得尽可能多的、必须掌握的基础知识和基本能力。因此，高职教育对高等数学教学提出了以下几个方面的要求：

### （一）就业岗位要求综合知识多但不深

高职培养的学生一般是适合某一岗位或是岗位群。这一培养目标就决定了其对知识的学习要多，但并不需要很深，这也就是平时所说的"必须、够用"。

### （二）专业需求对知识点的要求不尽一致

不同的专业对高等数学的需求是不一样的，有些专业要求仅以一元函数微积分为基础，而有些专业则还需要多元函数的微积分，对于有些专业复变函数的知识比较重要，而有的

则侧重于线性代数等，众口难调。

## 二、高职高等数学课动态教学建构的对策

目前，高职高等数学课的教学内容和教学方式等无论是一个学校中的各个专业之间还是各个学校之间基本都处于同一化的状态，这极不利于高职人才个性化的培养。建构高职高等数学课动态教学应着手于以下几个方面：

### （一）打破同一性的静态化的高等数学课教学形式，进行动态教学改革

其中涉及高等数学课应怎样呼应专业课并深度融合专业课，怎样在专业人才培养上与专业课形成合力。这就要求建立符合专业需求的内容体系。按照工科类高职数学教学的要求，对教学内容进行研究，了解专业基础课、专业课对数学基础的需要程度，了解学生在将来的工作中对数学知识的应用需求，进行教学内容的适时删减，对于专业课中有特殊要求的数学知识，可以在数学课中学习，也可以在专业课中穿插或以讲座的形式处理。不同专业的教学内容应有所不同，特殊要求的内容可自编讲义教学。

### （二）围绕课程评价标准对数学课程进行动态整合

作为基础课的高等数学教学大纲只有一个，而课程评价标准是针对职业院校不同专业而建立的，其效用等同于具体的教学大纲，但是又比教学大纲更具有灵活性。一方面各个专业对数学基础的要求不一样，另一方面能力本位的指导思想不可能在基础课程上花太多的课时。而为了达标，必须对高等数学、线性代数、概率、数理统计等模块进行整合，使其能够满足不同的专业需求。而且确定的课程评价标准也限定了不同的专业有不同的教学重点。

### （三）考核方式的动态变化也是课程教学的一个重要方面

目前高等数学的考核方式主要以笔试为主，该课程确实是一门理论课程，其考核历来也都是笔试，但在能力本位的高职院校是否可以像其他课程一样考虑不用笔试，即就不同的章节，针对不同的专业，设计相应的实践性练习，要求学生在规定的时间内完成，在整个课程结束之后，综合学习过程中的作业完成情况给学生一个成绩。在此过程中一方面培养了学生的动手动脑的习惯，改变了以往纯粹灌输式的僵化的理论；另一方面锻炼了学生运用所学知识解决实际问题的能力。

### （四）一个大纲多个专业的动态分层教学

在整合课程内容的同时，使得不同专业的教学重点有所针对性。但是总的来说，不可能在有限的课时内将所有的模块都涉及，而且高职学生的数学基础和学习目标各不相同。鉴于以上情况，首先应根据职业教育的特点降低理论深度，对过分烦琐、抽象的理论和推导证明要进行精简。达到削枝强干、保障基本知识落实的目的，以适应绝大多数学生的要求。

总之，高职高等数学课的教学要设计成职业岗位性和专业性的任务，其组织规律要与学生的学习规律、教育规律结合起来，使其具有职业特色且能有效促进学生社会性成长、科学素质提高，并可实施的动态品性，使高等数学课的教学形态实现从"教师讲"到"学生说或做"的根本转变。

# 第三节　专业背景下高职高等数学课程新体系的构建

高职高等数学课程体系要与"工学结合"的人才培养模式相适应，教学过程中不仅要坚持以"应用为目的""服务专业为重点""就业为导向"的教育方针，还要大力贯彻"以人为本"的科学发展观。在岗位需求与个人发展日益紧密衔接的过程中，高等数学课程新体系的构建是提高教学质量的重要手段，也是教学改革的核心所在。

## 一、制定服务专业的课程目标

要遵循高等数学课程的基本体系，增设模块化教学，制定服务专业的课程目标。数学教师通过专业座谈、调研等方式，收集各专业所需的数学基础知识，在兼顾数学课程体系完整性的同时，采用模块化教学，即"基础模块＋专业模块＋应用模块"，严格遵循以应用为主线、保证体系的完整性、压缩理论推导内容、增强实践应用的原则。基础模块选取基础内容，深入浅出，重点讲授微积分中的基本概念和基本理论，使学生能够实现简单地运用。专业模块由数学教师与各专业教师共同研究确定，直接选取与后续专业课有关的内容，掌握好深度，适当加入简单的专业实例，结合项目导向教学法，有针对性地强调出知识点在专业上的实用性。应用模块以选修课的形式开展，开设数学实验，学习相关的数学软件，解决计算带来的难题；介绍数学文化史、生活中的数学之美，让学生了解数学概念、定理背后趣味横生的故事，激发学生的求知欲；在具备一定的条件后，可尝试指导学生参加省级、国家级的数学建模比赛，为学生提供一个应用数学的平台，鼓励学生发扬探索与创新的精神。

## 二、改变教学方式

对于数学基础薄弱的高职学生来说，教师要对所讲授的内容做到心中有数，实现"学得少，获取多"的教学效果，注重引导学生思维，侧重联系专业知识，加大实际应用的力度。为实现目标，多媒体课件逐渐走进高数课堂。结合课件的使用，课堂中还可以穿插数学史等内容的讲解，使枯燥乏味的静态文字转化为生动有趣的动态图片，不仅在很大程度上节省了时间，而且使数学知识变得形象易懂，提高学生学习数学的兴趣。

## 三、增强学生用数学思想和方法解决专业问题的意识

有些教师认为数学课时少且内容较多，以简单删减知识模块的方式来完成教学任务，既实现了专业中"用什么讲什么"，又轻松地完成了教学任务，何乐而不为。事实不然，数学这门课程自身具有较强的严谨性和逻辑性，不能片面地单独讲一个知识点。教学过程中，要考虑不同专业对数学知识点的要求，对重要的知识内容，可引入实际案例，从专业或生活中的一个小问题入手，使之转化为一般类型的数学模型问题。例如在经济学中，新生儿的保险问题，可结合专业知识构建积分模型，推算出买保险和直接存钱哪种方式更合算；再如生活中提出的合理减肥问题，可以通过组建模型，从数学的角度去探讨分析饮食和运动对体重影响的规律。正确建立数学模型后，结合相关的数学软件对模型进行求解，进而解决实际问题。这一过程既避开了冗繁、精细的运算过程，减缓学生的计算压力，又能在有限的课时内，讲解专业所需的数学知识，使数学课在向多元化方向发展的同时，融入应用数学的意识，实现其基础课程价值的最大化。

## 四、创建数学教学网络资源库

目前高等数学课程已有配套的校本教材和对应的教学资源包。在此基础上，数学教研室与学院教务处及网络中心互相协调，借助学校现有的教学网站平台，创建高等数学专题区。其主要包括：试题资源库，将历年考试题汇总，并收集专升本常见的典型题，形成综合习题库、互动资源库，开设讨论区、答疑区、点评区等，教师可在线了解学生的学习动向，激发学生学习数学的兴趣；案例资源库，引入与各专业有关的典型案例，通过建立数学模型，增强学生应用数学的意识；横向资源库，与其他兄弟院校的相关课程建立链接，供学生下载学习，同时为自考学生提供方便。网络教学平台不仅扩大了学生的学习空间，使不同的学生群体得到更好的学习和交流，而且培养了学生可持续发展的能力和岗位需要变化的适应能力。

## 五、组建"双师型"教学团队

数学教师向专业教师了解专业需求、专业发展方向，依托专业及市场需求确定高数课程的教学目标，选取教学内容；并利用交流、培训机会深入企业，了解数学在不同领域中的实际应用；加强与专业教师的合作，共同研发项目课题，为数学实践课程的开设积累经验和素材。

构建专业背景下的高等数学课程新体系任重而道远。在教学实践中，根据专业需求的变化重构高等数学课程体系，在不断的探索和总结中，让高数课程体系不断地得到完善和创新，既提高了教学效果，又提升了教师的实践能力，满足了各专业的需求，从而获得双

赢的局面。

# 第四节　信息技术环境下高职高等数学"交互式"教学模式改革

　　传统高等教学模式以教师为中心，单纯使用讲授法进行教学，注重教师对教材基础知识的"教"，忽视与学生的交流互动，学生的主观能动性得不到发挥。这种"填鸭式"的教学方式不仅无法激发学生的学习积极性，更加抑制了学生创造力的发挥。钱学森曾说："由于计算机的出现对数学科学的发展产生了深刻的影响，理工科大学的数学课程是不是需要改造一番？"这句话引起了高校数学教师对高等数学教学改革的重视，他们开始投入CAI（计算机辅助教学）的研究，在高等数学课堂教学中引入信息化内容。但他们把信息化教学看成是传统课堂讲授教学与演示多媒体课件的简单相加，仍没有充分发挥学生的学习自主性。

## 一、"交互式"教学模式的构建

### （一）简介

　　20世纪70年代初出现的一种新的教学法——交互式教学，由帕林萨（Palincsar）针对语言教学提出，它强调教学须以"学生"为中心，教师的任务是提供有意义的实际材料，创设贴近生活自然的环境，使学生能够进行有意义的学习。交互学习指在特定学习情境中，两个或以上的个体间通过双向交流来完成学习任务。交互模式下的学习对于教学双方来说，是一种接收反馈信息和适应学习活动的方式。

　　本节立足笔者所在学校数学课堂的特点，选取优质信息化教学资源，利用多媒体设备对资源进行重新整合，将其运用到实际教学当中，以期有效转变信息化环境下的教学方式，提高教师的信息化教学素养，实现信息化环境下的高等数学"交互式"教学模式。

### （二）教学资源整合

　　"交互式"教学模式实现的关键在于探究教学资源的合理整合方式。随着近几年各类信息化教学比赛及教学资源网站的建设，高等数学已经积累了大量的教学资源，如高等数学精品课程网站、微课、校本教材、网络课程、微信互动平台、全国大学生数学建模竞赛资料、MATLAB软件等，将这些资源按照资源类型与不同的教学方法配合使用，实现课上课下充分发挥学生的自主性、线上线下教师实时指导教学、随时随地教师与学生双向互动的教学模式。在充分利用现有资源的基础上，笔者所在学校还借鉴其他院校精品课程网站等的学习资源，由学生搜集相关典型实用的数学问题进行合作学习。笔者所在学校还将所有的教学资源整合为一个系统的信息资源库，供学生查阅和有针对性地学习，学生可在任何有网络的场所进行在线学习，或将指定内容下载到移动终端，利用课余时间学习，充分实现了学生的自主学习。

### （三）"交互式"教学模式的实现

1. 转变教师的思想和角色

多数教师赞同改变单一的讲授式教学方式，但是错误地将运用简单多媒体课件理解成信息化教学，甚至有的只是将原本板书的内容简单地搬到了课件上，因此要对教师进行集中培训、提供外出学习的机会，让教师明确信息化教学的真正含义，提高教师的信息化教学能力及以利用信息化手段改善课堂教学效率的能力，并使教师从"知识讲授者"转变为学生学习的"引导者、合作者"甚至是"学习者"，实现教师与学生的互动教学。

2. 转变教学方法

按照学生的兴趣和能力划分学习小组，选择以学生为主体的教学方法，如探究学习、合作学习等，但不局限于限定的教学方法，可以根据教学内容自选课堂组织形式。如教师提供知识主题，由学生以小组为单位自主搜索相关学习资源和典型实际应用题目，学生自选角度、自选方式进行题目的讲解，教师则作为"学习者"，在讲解过程中给予隐性的引导并及时给予反馈，充分实现教学过程的交互性。

3. 建立与"交互式"教学模式相适应的新型教学评价机制，合理并有效评价教学过程中教师和学生的教与学效果

建立学生学习成长的"记录袋"，对学生的每一次课堂表现及作业完成情况进行及时的记录，并将记录情况进行量化登记。将该成绩与定期测验成绩、期末考试成绩按照一定的比例进行综合，将最终得到的成绩作为学生的期末总评成绩。这种动态的评价机制不仅实现了对学生学习过程的动态监控，也避免了学生因考试失误而导致成绩偏低的不公平现象的发生，激发了学生的学习兴趣和主动参与学习、探求新知的欲望。

## 二、"交互式"教学模式评价

信息化教学改革的实施有助于提高学生学习高等数学的兴趣，同时增加学生的自主学习活动有助于学生对数学知识的理解，增加学生参与课堂的机会，培养学生探索创新精神与应用数学的能力。高等数学"交互式"教学模式不同于传统的教学方式，它是强调以学生自主学习、主动参与知识探究过程为主的学习方式，对高职数学教学具有推动作用：1. 高等数学"交互式"教学模式将抽象的数学理论知识形象化、直观化，充分调动学生的积极性，激发了学生的学习欲望；2. 高等数学"交互式"教学模式使用多种现代化手段进行教学，学生也可以当"老师"，让学生在"备课"过程中理解知识的形成过程、使用方法而非停留在知识表面；3. 高等数学"交互式"教学模式整合丰富的教学资源，扩展了课堂教学内容，使学生在任何自己感兴趣的领域都能有所收获；4. 与"交互式"教学模式相适应的动态评

价方式有利于促进学生的知识掌握和全面发展，而非只重视期末考试成绩。

在信息化教学过程中，实现一种"交互式"教学模式，充分发挥学生的主体地位，教师只是以引导者的身份控制整个教学过程的实施进度，在教学过程中实现教师与学生、教与学的互动，极大地优化高职数学课堂教学效果。

# 第九章　高职高等数学课程

## 第一节　现代信息技术条件下高职高等数学课程平台建设

高等数学课程平台经过多年的建设，已经初具规模，高等数学课程的网络教学平台的建构，能充分满足学习者的个性化需求，拓展课程教学的时间与空间，从而优化教学资源，为因材施教和提高高等数学课程的教学质量提供保障。新一代互联网技术具有更快、更大、更安全、更方便、更及时、更好管理等特点，而且近几年数学软件的开发越来越简洁、多样、功能齐全。这些技术的飞速发展为高职高等数学课程平台的建设奠定了基础。

### 一、课程平台的优势

课程平台是在现有的教学环境下，利用各种现代信息技术，补充课堂教学，提供远程教学的网络平台；促进了数学课程与专业课程及生活实践之间的交流与发展，对课堂教学起到补充、辅助的作用。利用课程平台可以使教师更加有效地管理课堂、补充教学内容、布置作业，加强师生协作。教学平台集课程开发与实践教学于一体，成为师生交流的桥梁，使课程建设达到目标的形象化、任务的趣味性、内容的动态化、管理的信息化。课程平台的建立，真正实现了资源共享，使学校服务于学生的宗旨得以充分体现。

利用课程平台，一方面可以使高等数学课程的教学内容、教学方法和手段得以及时地更新与完善；另一方面相关的专业案例与素材在平台中可以及时得到补充，更多实践性的教学内容可以在教学平台上充分展示。利用课程平台能够提供一个有效的学习环境，让课堂教学利用网络环境得以充分延伸，使更多的教学资源与课程内容进行有机的融合，更好地实现完整的教学过程，充分拓展数学课程教学体系，优化现有的教学资源，使教学内容的设计更加充分合理。

### 二、课程平台的基本框架

采用"四位一体"的教学模式。"四位"是指教学环节中的教学目标、教学内容、计算方法和教学组织四个方面，从这四个方面入手，改革现有的数学教学方式，充分利用互联网教学平台和数学软件辅助教学的优势，创建一种全新的教学模式。

"四位一体"教学模式依托于互联网平台，从教学目标、教学内容、计算方法和教学组织等四个方面重新构建高等数学课程平台。利用教学平台可以实现教学资源共享，利用多媒体技术集成各种教学信息，打破传统教学的时空界限，构造完全开放、资源共享的高等数学教学与学习环境，它有传统教学所不能超越的优势。其具体内容是：利用课程平台，使得高等数学课程内容更贴近学生未来的专业、生活实际，让学生掌握分析问题、解决问题的数学方法；教学内容问题化，建立以"问题驱动"为导向的高职高等数学内容体系，培养学生问题驱动的思维方式；计算过程软件化，利用 MATLAB、Mathe matic 等数学软件培养学生解决实际问题的能力，优化教学过程；教学组织信息化，通过课程平台及学校互联网建设，实现资源共享、师生互动、内容开放和媒体集成的课程教学平台。

# 三、高等数学辅助教学平台的建设

## （一）课程平台的指导思想

高职高等数学课程平台的建设定位于学校现有的网络条件基础之上，利用课程平台辅助教学，为课堂教学进行及时的补充、完善与扩展，强化训练，逐步培养学生的自主学习能力、团队协作能力，以及解决实际问题的能力。

任课教师及学生可以通过平台随时注册和完善个人信息，完成课堂教学资料的下载，及时提交课程作业。通过课程平台，可以使学生理解课程延伸的内容，丰富实践教学资源，吸引学生自觉关注和使用。

## （二）课程教学模块的建设

高等数学课程教学模块包括两个部分：一部分是与课堂教学相关的课程简介、主讲教师、教学团队、教学资料、作业信息等；另一部分是课堂教学进一步拓展的信息，提供常用的数学软件、教学案例素材库等信息，满足不同学生个性化学习的需要。

在建设高等数学课程模块中，要突出以下几个方面：1. 加强课程交流互动板块的建设，并不断完善作业提交批改、师生讨论区、教学日志、小组学习文件等模块；2. 及时更新视频信息等课程资源；3. 不断加强测试及系统维护，方便学生对平台的使用与评价。

## （三）课程平台的学习过程

课程平台的学习过程包括三部分：第一部分是利用课程平台设计教学情境，不仅要为高等数学理论教学创造必要的条件，还可以通过对教学案例的探讨激发学生的学习欲望；第二部分是课程学习，包括课堂学习情况、课后资料整理与完善、师生交流互动；第三部分是学习及时评价，包括作业完成情况、定期测试、综合评价、教师评价等，使教学质量进一步提升。

通过学习平台的使用，所有学生都能把握好教师设计的学习内容，更便于理解知识点；除了教学内容外，学生还可以掌握数学理论的延伸与补充、数学软件与应用案例等。利用课程平台可以培养学生的发散思维和利用数学软件解决实际问题的能力，极大地提高了学生的学习兴趣与学习效率。课堂讲授内容可以适当增加教学案例，利用数学软件拓展学生解决问题的思路，进一步延伸课堂教学。

## 四、课程平台建设的展望

基于互联网和数学软件辅助教学的高等数学课程平台推广的意义：

### （一）课程平台建设符合现代信息技术对高职高等数学教学的新要求

一方面，可以更新高等数学课程的教学内容、方法和现代教学手段；另一方面，在课程平台上可以补充教学案例与专业素材，通过平台，师生之间可以充分互动，调动学生学习的主动性，真正实现了资源共享，体现了学校为学生服务的宗旨。

### （二）平台建设有利于全面提升学生的数学综合素质

网络教学平台背景下，任课教师不但要掌握更多的知识、技能和技巧，同时还要充分认识学生的个体差异，通过教学平台创造条件，让学生与教师一起参与实践教学活动。结合数学软件，提高学生运用数学工具解决实际问题的能力，使学生在知识掌握的速度、深度、广度上达到更高水平。

### （三）数学软件辅助教学有助于培养学生的数学计算和分析问题、解决问题的能力

将数学软件恰当地运用于高职高等数学课程，不但可以优化教学过程，还提高了学生借助计算机及数学软件解决实际问题的能力，体现了"数学为专业服务"的宗旨，使高等数学教学具有了高效性和实用性。

基于互联网和数学软件辅助教学的高职高等数学课程平台的建设，有利于学生数学综合素质的培养。通过实践训练，学生利用数学软件处理综合问题的能力将得到进一步加强。课程平台的建设符合信息化社会对高职高等数学教学的新要求，有利于提高高等数学课程的教学质量。

# 第二节　基于互联网云平台的高职高等数学课程改革

针对高职院校高等数学课程教学现状及存在的问题，应顺应信息技术迅猛发展对课程教学提出的时代新要求，研究基于互联网云平台和数学软件辅助的高等数学课程教学，构建教学目标技能化、教学内容问题化、运算过程工具化、教学组织信息化"四位一体"的

高等数学教学新模式。实践表明，该教学模式能有效使学生的学习实现"想学、乐学、能学、学了有效、有用"的效果。

# 一、高职高等数学课程教学改革的必要性

## （一）高职学生认知特点要求改革高等数学课程学习模式

近年来，随着国内高考招生形势的变化，高职学生成分也随之发生了巨大变化，由于入学前学生的学习基础、条件不尽一致，进入高职院校以后，在学习期间也表现出了不同的学习状态。从笔者所在学校统计数据来看，入学时数学平均成绩为 84.9 分，不及格的学生占到 64.1%，其中 75 分以下的占到 19.6%，而 105 分以上的学生不足 4.6%。调查中有 64.3% 的学生感到学习数学比较难；61.1% 的学生认为学习压力比较大，对数学不太感兴趣；有 72.3% 的学生认为目前数学教学的方式方法缺乏吸引力和趣味性；36% 的学生课后基本不看数学，能够主动预习、复习和及时解决学习过程中的问题的学生不足 20%，学生数学学习不够用心。

## （二）高职教育培养目标要求重构高等数学课程内容体系

《国家中长期教育改革和发展规划纲要（2010—2020 年）》指出："应着力提高学生的学习能力、实践能力、创新能力。"教育部教职成〔2011〕12 号文件《教育部关于推进高等职业教育改革创新引领职业教育科学发展的若干意见》明确"高等职业教育具有高等教育和职业教育双重属性，以培养生产、建设、服务、管理第一线的高端技能型专门人才为主要任务"。然而，目前的高职高等数学教育却存在以下几方面的不足：1. 教学内容针对性不强，案例与专业实际问题脱节。内容大多沿用传统的知识体系或是传统内容的浓缩，未能真正体现高职高等数学教育的改革精神，与市场、专业和学生的需求不相适应。2. 过多强调思维训练，方法与专业实际需求脱节。在组织教学时满足于逻辑上的严谨、计算上的精确，忽视了学生解决实际问题能力的培养，这对高职院校学生群体并不合适。3. 侧重于将数学当成一种工具，目的与创新能力培养脱节。认为学数学主要是为了用来解决专业学习和工作中的具体问题，将数学学习简单地理解为掌握数学这门工具，忽略了高等数学在学生创新能力培养方面的作用。

## （三）现代教育技术为高职高等数学课程拓展了改革空间

2010 年颁布的《国家中长期教育改革和发展规划纲要（2010—2020 年）》明确指出："应加强网络教学资源体系建设，建立开放灵活的教育资源公共服务平台，促进优质教育资源普及共享；提高教师应用信息技术水平，鼓励学生利用信息手段主动学习、自主学习，增强运用信息技术分析解决问题能力。"同时，新一代互联网技术具有更大、更快、更安全、更及时、更方便、更可管理和更有效率等特点，而数学软件的开发则越来越多样化、使用更便捷和功能更齐全。这些教育技术的发展为高职高等数学课程拓展了改革空间，高等数

学课程教学改革也就变得顺其自然了。

## 二、高职高等数学课程教学改革的基本设想

高职高等数学课程是高等职业教育必修的一门公共基础课，它为实现高等职业教育人才培养目标、进一步学习高等职业教育后续课程知识、掌握高等职业教育专业技能提供必需的数学知识和素养。高职高等数学教育既是高等教育的一部分，又是职业教育的一部分，因此在教学时既要遵循高等教育共同的教育教学规律，又具备高等数学教育的一般教学特点。这就需要高职高等数学课程的知识体系构建在完整性、严密性、理论性和实用性等方面须形成自己的特色与体系，确保学生能接受和驾驭高职数学课程的基础知识和基本技能，为学习专业课程打下良好的基础，使他们具备学习专业知识的基本能力。

高职高等数学课程教学改革应以孔子的"因材施教"和强调岗位能力为核心的"能力本位教育"思想作为课程改革的指导思想，应基于"问题解决"理论进行教学设计，并运用建构主义理论的数学教育建构观对课程内容体系进行重构，使高职高等数学教学适合高职学生的认知特点（喜欢动手），真正体现其在培养学生计算能力、分析解决问题能力、创新能力和综合素质等方面的重要作用。课程改革应使教学内容充分贴近学生未来的工作实际，培养学生掌握分析和解决实际问题的数学方法，让学生想学、乐学、能学，学了有效、有用，愿景是实现高等数学"人人喜欢学、个个学得会、处处有数学、时时有老师"。

为此，我们借助互联网云平台和数学软件两个工具，从教学目标、教学内容、运算过程和教学组织等四个方面对高等数学课程进行改革。基于互联网云平台的教学，可以共享教学资源，集成处理文字、声音、图像、图形、视频和动画等多媒体信息，打破课堂教学的时空限制，构造开放性、立体化的数学教学与学习环境，它具有自主性、实时性、交互性和直观性的个性化教学特点，有传统教学所不能比拟的优势。将数学软件准确恰当地运用于高职数学课程，可以优化教学过程，强化学生职业能力的培养，加强学生借助计算机及数学软件解决实际问题的能力，从而真正凸显高职数学学科的特色，使课程教学具有高效性和实用性。

## 三、"四位一体"高职高等数学课程教学模式的构建

### （一）"四位一体"教学模式基本框架

"四位"是指教学目标、教学内容、运算过程和教学组织四个方面，意在改革现有教学方式方法，充分利用基于互联网教学平台和数学软件辅助教学的优势，创建一种新的教学模式。具体描述如下：教学目标技能化，使课程内容贴近学生未来工作实际，让学生掌握分析和解决实际问题的数学方法。教学内容问题化，确立以"问题解决"驱动的高等数学内容体系。运算过程工具化，通过引进数学软件的使用，减弱理论探讨和公式推演，以掌握概念、强化应用、培养技能为重点，从而优化教学过程。教学组织信息化，通过建设

基于互联网云平台的资源共享、教学交互、内容开放和媒体集成的数学教学平台，实现数学教学的信息化。

### （二）"四位一体"教学模式下课程设计的基本理念

秉承"因材施教"和"能力本位教育"思想、基于"面向工作实际，解决实际问题"的设计理念对课程内容进行解构和重构，通过融入数学软件的使用，借助新一代互联网技术组织教学，确保数学教学的针对性和实用性。

### （三）"四位一体"教学模式下内容选取的两个维度

一是知识的逻辑体系，针对各专业和学生的实际调研情况，将课程内容设计成相对独立的若干个模块。例如，经济贸易专业的教学内容由四个模块组成，分别是简明微积分、线性代数与线性规划、概率论与数理统计和经济运筹学初步，各模块相对独立，内容涵盖经管类专业大部分的数学需求，但每一个模块又充分考虑知识的逻辑关系，确保知识的衔接性和整体性。

二是课程的应用体系，以应用为目的，通过将核心的数学知识与专业相关工作典型案例相融合，使学生在轻松的学习中掌握高等数学的基本概念、基本理论，培养学生运用数学方法分析解决专业问题的能力。

### （四）"四位一体"教学模式下课程教学的三个原则

坚持高等数学为专业服务的原则。服务专业是高职院校数学教育改革的一项重要任务，也是高职教育对高等数学教学的基本要求。课程教育应该根据不同专业的专业特点和对数学知识的具体要求优化教学内容，突出应用能力的培养；通过多种方式增强学生在专业课学习中运用数学的能力，处理好"用数学"和"算数学"的关系。

坚持理论必需、够用为度的原则。高职学生数学入学成绩普遍较低，数学水平相对较差，数学教学内容含量多与教学时数少的矛盾是不争的事实。但高职数学教育在培养学生能力、知识和素养等方面又发挥着基础性的重要作用，同时，数学教育要为学生后续的专业学习储备足够的数学知识，这就要求高职数学教学必须有所取舍，即以"必需、够用"为度，恰当确定教学的知识范围和难度。

坚持"问题驱动"教学的原则。问题是最好的老师，问题应贯穿教学的始终，每一教学单元均应以问题引入开头，通过问题引出我们要学习的数学概念，激发数学讨论和加强学生对内容的兴趣；通过经济领域的典型案例解决方案，把数学中的不同部分联系起来，从而使问题解决成为每章的有机组成部分。

为了更好地运用互联网教学平台和数学软件辅助教学，确保"四位一体"教学模式能有效为高职高等数学教学服务，我们在长沙民政职院 2014 级学生中进行了教学的对比实验。统计结果显示，对数学学习感兴趣和比较感兴趣的学生所占比例较 2013 级学生提高了 26%；学生每个星期花在数学学习上的时间有所增加；2014 级学生认为高等数学跟中学数学比较而言实用性更强、问题情境更符合实际；认为数学太难的同学有所减少、融合互联网云平台和数学软件的数学教学也更具有吸引力。通过教学实践，可以预见基于互联网云平台和数学软件辅助教学的高等数学课程改革至少有以下几方面的重要意义：

课程改革符合信息化社会赋予高职高等数学教学的时代新要求。信息技术的迅猛发展和数学思想、方法广泛而深入的应用呼唤数学教育的信息化，数学信息化教育的实施必然会引发高职高等数学教育一场全面、深刻和历史性的变革。

基于互联网云平台的高职高等数学教学有利于学生综合数学素质的培养。在网络环境下的教学，可以共享教学资源，集成处理文字、声音、图像、图形、视频和动画等多媒体信息，学生处理综合信息的能力会得到强化。

数学软件辅助教学有利于学生计算能力和分析解决问题能力的培养。将数学软件准确恰当地运用于高职数学课程，可以优化教学过程，强化学生职业能力的培养，提高学生借助计算机及数学软件解决实际问题的能力，从而真正强化高职数学学科的特色，使课程教学具有高效性和实用性。

有利于提高数学的教学效率和教育质量。充分利用互联网教学平台和数学软件辅助教学，对提高学生的学习兴趣、减轻学生学习数学的负担、增强学生学习数学的积极性和自觉性、提高教学效率都具有重要的意义。

# 第三节 基于素质教育的高职高等数学课程改革

高职院校的培养目标是为基层和生产第一线培养技能型、实用型的人才。在人才培养上坚持"以能力为中心"的培养模式。数学是一切科学和技术的基础，随着现代科学技术的飞速发展，数学与其他学科之间存在着越来越多的相互交叉、相互渗透，大量的数学方法在各个生产领域被广泛运用。面对新形势，高职数学课程改革应从重视数学教育对学生能力及素质培养的角度出发，教导学生学会运用数学的立场、观点、方法观察问题、分析问题、解决问题。

## 一、高职高等数学课程功能定位

定位问题关系到数学教育教学改革的方向。数学课程是专业知识学习的基础，在高职人才培养中具有奠基作用。

高职教育虽然重在培养学生的职业技能，但任何一种技能的培养、发展和提高都是要建立在一定的文化基础之上的。"数量意识和用数学语言进行交流的能力已经成为公民基本的素质和能力，他们能帮助公民更有效地参与社会生活。实际上，数学已经渗透人类社会的每一个角落，数学的符号与句法、词汇和术语已经成为表述关系和模式的通用工具。"数学课程是学习一切自然科学和社会科学的基础，是现代社会中学习和掌握其他课程知识的必备文化基础。

数学课程要为学生灵活就业提供可能。在现代社会中,产业结构和技术结构变化迅速,职业和岗位也处于不断变化之中,一个人终生只从事一种专业性工作的可能性已变得越来越小,如果只掌握一门相对固定岗位的专业技能,必然会使专业过窄,难以适应不断变化的就业市场。因此数学课程必须为学生提供继续教育以及转换职业的可能。

数学课程对学生树立良好的人文修养和高尚的人文情操具有推动作用。李大潜院士指出:"整个数学的发展史是与人类物质文明和精神文明的发展史交融在一起的。作为一种先进的文化,数学不仅在人类文明的进程中一直起着积极的推动作用,而且是解释人类文明的一个重要支柱。"数学素质是一种文化素质,对学生树立良好的人文修养和高尚的人文情操具有推动作用。

## 二、高职高等数学课程开展素质教育的方法和途径

### (一)在课程体系的构建上应注意"度"的把握

随着十几年课程改革的不断深入,数学课程按照"必需、够用为度"的原则来选排教学内容已成为共识。但是,在对"度"的把握上缺乏标准和指导,或者在"理论教学以够用为度"的思想指导下,随意删减、削弱数学课,或者在"为学生的未来发展奠定基础的思想指导下",随意增加强化数学课,使各个学校之间数学课程的开设具有很大的随意性。因此,在课程改革不断深化和细化的今天,研究对"度"的把握十分必要。通过对数学课程功能定位的分析,笔者认为高职数学课程在体系的构建上对"度"的把握要注意以下几个方面:

1. 从公民素质角度,数学课程应设定最低标准

数学课程是公民基本素质的重要组成部分,是认识和理解社会的基础。德国教育家罗宾逊(Robinson)认为,必须进行基于科学观、世界观和应用观的三重过滤,才有可能获得一个较为合理的学习目标。职业院校的数学课程的教学过程中既要考虑数学课程的工具作用(应用观),同时也要兼顾体系的严谨性和完备性(科学观和世界观)。为了培养学生的良好素质,为社会提供满意的服务,让学生和用人单位满意,必须从学生发展和社会人才需求出发,从公民素质教育的角度,设定最低标准。

2. 从专业要求角度,数学课程应分专业区别对待

高职数学课程的开发必须突出培养目标的知识和技能结构要求,强调教学内容的实用性和针对性,主动配合专业教学,满足专业教学的需要,渗透专业气氛。要在建立理论知识的基础上,通过开展数学建模教学,用数学知识解决专业课中的有关问题,支持解决生产科研中的实际问题。比如对物流专业来说,可以介绍"物资调运模型""物资储备模型";对证券专业来说,可以介绍"股票市场中的数学模型"。

3. 从个人发展角度，数学课程应提供选修空间

科学技术的迅速发展、劳动组织形式的急剧变革，使得原有的学科与行业之间的界限被打破，产生了许多复合型及技术含量相对较高的职能岗位。从终身学习角度出发，数学课程要为学生奠定一个较为宽厚的基础。

## （二）以数学建模教学为强化数学素质教育的切入点，培养学生创新精神及实践能力

数学建模课程是使学生从实际问题出发，通过学生亲自设计和动手，从建模中去学习、探索和发现数学规律、体验问题解决的过程。

数学建模的素材可以取自工业、农业、工程、经济、军事、管理、生活等各个领域的经过简化的实际问题。教师在数学建模教学中以学生为中心，利用一些设计好的问题启发、引导学生主动查阅文献资料和学习新知识。教学过程的重点是创设一个环境去激发学生的学习欲望，强化的是学生获取新知识的能力、解决问题的能力，而不是知识与结果。通过开展数学建模课程可以提高学生的自学能力，培养学生从事科研工作的初步能力，培养学生团结协作的精神，从而形成主动探索、努力进取的学风，从根本上实现从应试教育向素质教育的转变。

## （三）将数学史加入数学教学内容中，把数学史的教学作为对学生进行思想教育的载体

数学史是研究数学概念、数学方法和数学思想的起源与发展及其与社会政治、经济和一般文化的联系的一门科学。

教师可以通过给学生介绍数学发展史、数学趣闻、数学小故事等，将原本刻板、抽象的数学知识与人类有情有感、有血有肉的创造性活动联系起来，这样不仅可以激发学生学习高等数学的兴趣、丰富学生对数学课程的情感，而且还有助于培养学生脚踏实地、严谨细致的良好品质。对数学家所遭遇困惑、所经历挫折的介绍，还可以帮助学生获得一些人生哲理，有顽强的勇气去面对困难，不因自己的学习、生活并非完美无缺而沮丧，为他们自身的人生价值的正确取向奠定基础。比如，在高等数学的教材中我们会接触到一些很重要的定理，如"罗比达法则""牛顿—莱布尼兹定理""拉格朗日中值定理"等，这些定理都是以数学家的名字命名的，他们也恰恰是微积分的创立者和先驱，这时我们就应该在课堂教学过程中适时、适当地加入数学家生平和业绩的介绍，以有利于数学思想的传播。

## （四）在教学方法和教学手段的改革上，要注重培养学生的实践能力

高等数学教学要推进教学方法的改革，培养学生的实践能力，对学生进行素质教育。要改变单一的讲授法，提倡使用启发式、讨论式、辩论式、对话式等，培养学生分析、解决实际问题的能力。比如，在介绍数学概念的时候，教师可以结合生活、生产实例，辅以各种背景材料，顺势引入概念，就可以减少数学概念的抽象感；在介绍数学定理的时候，可以借助于直观的几何图形，对定理加以解释；在讲解运算规则和规律时，可以设计一些

精简的语言、文字解读数学公式，使学生加强对数学公式的理解。

在课堂教学过程中，教师要采用多媒体课件、网络技术与板书相结合的教学手段，为学生提供多层次、多方位的学习资源，提高教师和学生之间的交互性，调动学生学习的积极性和创造性。

### （五）在考核方式的改革上，要注重促进学生应用能力的发展

考试是检测教育效果的主要形式，也是教学达标的重要环节。"考什么"和"怎么考"，直接影响着教师如何"教"和学生如何"学"，有什么样的考试内容、考试方法，就会产生什么样的教法和学法。

在考试考核内容选择方面，应坚持"强化应用"的命题原则，着重考核学生分析与解决问题的综合运用能力；在考试考核方法选择方面，应根据考试科目的特点，构建多种形式的考试体系，如考试可采取开卷笔试、闭卷笔试与口试结合、撰写论文与答辩结合等，着重考核学生的思维方法和独到见解；在评判学生学业成绩方面，应以课程的过程考核为主、终结考核为辅，从终结性评价转向注重过程和促进学生应用能力发展的形成性评价。

## 三、素质教育理念下的数学教学改革对教师的要求

教育大计，教师为本。深化教学改革的关键在教师，保证教学质量的关键也在教师，所以我们必须重视教师自身素质的提高。

### （一）加大教师队伍的"硬件"建设力度

提倡教师继续教育、终身教育，拓展提升学历层次，实行学历培养与岗位培训相结合，并努力打造"双师型"教师，加大教师队伍的"硬件"建设力度。我国高职数学教师具有一定的教育教学专业训练的基础，但由于缺少相关专业知识和能力的训练，要服务并服从专业技术教育要求，往往是心有余而力不足。因此要鼓励基础课教师不断拓宽知识面，根据学生的实际和社会的要求，进行跨学科学习、研究、发展，学习专业知识，参加专业技能的训练，了解专业对数学课程的要求，丰富知识储备，在教学输出过程中完善自身的知识结构，丰富自身的知识内涵，只有这样才能更好地与学生沟通和交流，完成数学为专业课服务的任务。

### （二）加强教师队伍的"软件"建设

我国高职数学教师具有一定的教育教学专业训练的基础，对知识传授有较强的适应性。因此，要指导教师更新教育思想观念，学习研究现代教育科学理论和实践成果，提高实施素质教育的自觉意识、能力和水平，掌握先进的教学方法和现代教育技术手段，掌握因材施教、发展个性化教育的知识和能力。强化学科教学研究，教学反思，提高教师的教学效能感和教学资源的整合能力，加强教师队伍的"软件"建设。

# 第十章　高职学生数学能力的培养

## 第一节　高职学生数学价值观的培养

高职教育，是应用型、技能型人才培养的重要方式，目的是为社会各个行业输送专业性人才，为国家经济发展提供人才支撑。数学价值观的培养，能提升学生文化知识应用能力，促使数学教学改革，展示高职教育的特色。本节就如何培养学生数学价值观进行分析。

### 一、数学价值观

价值观是一种特殊的思想观念，主要是个体、集体、社会对客观事物的主观意识。价值观的出现影响个体的行为举止、思想态度，是个体必须具备的品质之一。数学价值观主要体现在以下四个方面：1.应用价值。数学是一门应用性较强的课程，在人类生产生活中应用较多。知识来源于生活，又被应用于生活。就现代社会发展来讲，数学学科的应用价值非常高，不仅是推动各个领域健康发展的重要因素，也是促使人类文明发展的关键。高职数学教学中，利用课堂教学培养学生的应用意识，使学生在实践中意识到数学知识与生活各个方面的关系，并因此形成数学应用意识。数学应用意识在生活与数学的联系、运用数学知识解决实际问题、从数学角度解决问题、主动发现生活问题中数学知识应用价值等方面都有所体现。日常教育中，加强对学生的引导，使学生学会从数学角度思考问题、解决问题，以此提升教育工作效果。2.人文价值。素质教育下，更注重学生数学素质与人文素质培养，希望学生全面发展。在数学课堂教学中，加强实践活动，展示教育的优势，丰富学生数学学习内容，引入数学史内容，让学生了解更多与数学文化有关的内容，以此展示数学价值观中的人文价值，促使学生全面发展。数学文化是教育工作的重要组成，对学生数学史与文化意识形成具有重要作用。课堂教育中，加强对数学文化的渗透，促使学生个性发展。3.思维价值。数学课程逻辑性思维性较强，要求学生具备良好的数学思维逻辑。思维价值是数学价值观的一部分，要求学生运用数学思维将抽象知识理论化直观化，完成理论知识学习，对学生思维能力与学习能力培养具有重要作用。数学教学中，应加强对数学思维的研究，组织学生个性学习，促使学生数学价值观形成。4.科学价值观。学科价值、求实态度、科学精神是数学的科学价值体现，也是数学教育重点组成部分。数学教育工作中，通过严谨学习态度与探索精神的培养，提升学生数学学习能力，使学生在学习中形成数学学习意识与思维，促使学生科学价值观的形成。

## 二、高职学生数学价值观培养现状

### （一）学生能力参差不齐

高职院校的学生存在能力参差不齐的问题，有的学生是单招和对口、有的学生是高中毕业。其中高中生基础更加全面系统，能力要高于单招和对口。由于学生能力问题，导致数学学习效果差异大，学生无法实现数学价值观培养的目的。高职院校与初高中教育不同，对学生专业能力培养的重视程度较高。数学教育中，教师往往将注意力放在理论知识提升上，忽略了学生差异教学，影响了学生素质培养。

### （二）基础知识薄弱

随着教育覆盖面增加，招生范围越来越广，参与高职教育的个体越来越多。由于生源的范围的增加，致使生源质量下降，学生无法全身心投入数学课堂中，提升自身的学习能力。数学基础知识薄弱，是当前教育中存在的最大问题，也是学生数学价值观培养的重要阻力。

### （三）学习热情不高

学习热情是数学价值观培养的动力，也是促使教育进步发展的重要因素。在高职数学教育中，大部分学生对数学学习兴趣不高，认为数学知识抽象难懂，因此学习热情不高。数学价值观培养，需要学生具备较强的学习兴趣与热情，能够主动参与到课堂中，探究教材中的知识。但是由于学生学习兴趣不高，影响了数学价值观形成。

## 三、高职学生数学价值观培养策略

### （一）利用实践，提升学生的应用能力

在高职数学教育中，转变传统教学模式，组织各种类型的实践活动，引导学生进行实践活动，使学生在实际操作中掌握技能，提升数学学习能力。以往教学中，教师将关注点都放在如何提升学生学习成绩，强化学生对数学基础知识理解上，忽略学生应用意识的培养。课堂活动中，将数学知识与学生专业结合在一起，引导学生运用数学知识解决专业问题，使学生在潜移默化中意识到数学知识与职业发展之间的关系。数学课程作为一门公共课程，是高职各个专业学生都必须学习的课程。教育工作开展前，对学生学习状态与情况进行综合分析，了解每个专业的特点，并设计实践性的学习任务，引导学生将数学知识与实践结合在一起，促使学生运用意识的形成，为数学价值观培养打下基础。

### （二）创新教学方法，促使学生人文价值观的形成

信息技术背景下，出现越来越多的现代化教学方法，为数学教育工作开展提供动力。信息化教学、互动性教学、渗透式教学是当前教育中常见的教学方法。课堂活动中，教师可以运用不同教学方法进行课堂活动，使学生在数学知识学习中人文价值与意识得到提升。课堂活动中，教师可以将数学文化渗透到教学中，使学生了解更多的数学方面的信息与内容，促使其数学思维形成。高职学生已经具备独自学习能力，教师可以采用线上教学的方式渗透数学知识，引导学生在课下自主学习，搜集与数学有关的知识，并运用数学知识解决问题，以此提升学生人文意识，促使学生形成数学价值观。以翻转课堂为例，教学活动开始前，可以将教学内容以微视频的方式呈现给学生，让学生在课前观看学习，了解教材内容与信息。课堂上则与学生互动，就自主学习中存在的问题进行讨论，说出自己的看法与观点。通过教学方法创新，推动教育工作开展，提升学生数学学习质量，促使学生形成数学价值观。

### （三）培养学生主体意识，促使学生思维价值观的形成

高职数学教学中，需要体现学生主体地位，引导学生探究数学中的逻辑思维，使学生在学习中形成数学推理能力。数学思维逻辑，是学生学习数学知识必须具备的品质，也是数学教育健康发展的关键。若是逻辑思维意识差，那么会对学生产生巨大的影响。因此在数学教学中，应转变以往的教学理念，尊重学生主体地位，结合学生学习态度与情况，设计教学内容，使学生在数学学习中提升学习质量，促使学生提高数学思维能力。数学思维主要包含观察、比较、猜想、分析、综合等内容。课堂活动中，教师可以组织学生自主探究课本知识，运用以往的学习经验与思路解决问题，促使学生思维能力提升。此外，教学活动中，教师可以采用合作学习方式进行教育工作，引导学生探究数学知识，使学生掌握数学知识，学会运用逻辑思维解决问题。

### （四）探究学习，促使学生全面发展

高职数学教学中，组织探究学习活动，引导学生对数学知识进行探索，分析数学知识之间的内在联系，促使学生形成数学价值观。以往教学中，教师会将数学知识直接分享给学生，让学生死记硬背。这种教学方式已经无法满足高职学生生存发展意识，不利于学生后续职业发展。探究式学习方式的应用，为学生数学价值观念培养提供了载体，促使学生形成数学素养。课堂活动中，教师可以将教学目标转化成问题，使学生在问题的驱动下，探究数学知识，发现其中的内在联系，并养成主动的意识，为数学价值观的形成打下基础。

以"函数的微分"为例，课堂活动中，教师可以给学生布置以下学习任务：1.微分的定义是什么？2.微分有哪些几何意义？3.微积分公式及算法有什么特点？确定学习任务后，引导学生自主探究，结合高中学习过的函数内容，思考微分的定义与特点，从不同角度感受这一内容。学生探究学习时，教师可以融入学生感兴趣的话题，或者与学生专业有关的内容，让学生运用数学知识进行探索学习，以此提升学生数学学习能力，促使学生形

成数学价值观。日常教育中，给予学生充足的学习时间与空间，引导学生对课本知识进行探索，使学生在学习中提升数学学习能力，促使学生个性发展。

总而言之，在高职数学教学中，通过实践教学、教学方法创新、思维能力培养及探究学习，促使学生形成数学价值观，培养学生综合素质。日常教育中，加强数学价值观培养，采用各种教学手段与模式进行教育工作，推动教育改革的同时，培养学生知识应用能力提升。

# 第二节　高职数学教学中学生学习兴趣的培养

高职院校作为培养人才的重要教育机构，对学生能力的培养起到关键作用。高职数学作为教学过程中的重要组成部分，对学生能力的培养十分重要。随着新课改的实施，传统的教育方式已经不能满足社会发展的需要，也不利于学生素质能力培养和提升，想要提升高职院校的整体数学教学质量，首先就需要培养学生的学习兴趣。兴趣是学生学习的基础，通过学生学习兴趣的培养，提高学校的整体教学质量。

## 一、高职数学教学中学生学习现状

### （一）学生基础薄弱，缺乏自信

高职院校在进行招生的过程中通常不会过高要求学生的成绩，导致高职院校学生的数学成绩普遍不好。导致学生成绩不好的原因主要是学生的数学学习基础不扎实，对知识掌握得不牢固，再加上数学知识相对复杂，需要学习的公式定理非常多，而且知识相对枯燥无聊，无法激起学生的学习兴趣，学生在进行数学知识的学习过程中不能深入掌握知识，也不能很好地理解知识，阶段性的努力成果不理想，长此以往他们就会产生自我怀疑的错误认识，觉得自己天生就不是学习那块料，进而对数学学科产生抵触心理，不能很好地进行数学知识的学习。

### （二）对数学学科缺乏正确的认识

现阶段的高职院校在发展的过程中存在的问题就是对数学学科缺乏正确的认识。大部分高职院校认为学校的发展侧重点是技能的教育与培养，从高职院校毕业的学生只要技能过关就可以，忽视了学校的基础教学工作。一味地强调专业课对学生今后发展的重要性，而忽视了其他学科的基础性辅助教学的作用，很多高职院校在教育过程中都存在着这样的想法，这就导致高职院校的数学教学工作不能很好地开展。由于高职院校聘请的教师自身对数学知识的学习就存在一定的欠缺，导致在数学教学的过程中不能很好地发挥其职能和作用，通常为了教学方便压缩数学教学时间，不能按照教学标准进行课堂知识教学，甚至降低数学知识的考核标准，让学生产生一种数学学科不重要的错觉，觉得就算学了也没什么用，导致学生不能正确认识数学学科的重要性，从而忽视数学知识的学习。

### （三）缺乏正确的学习习惯，不会学习

高职院校的学生普遍对基础知识的学习缺乏正确的学习习惯。由于成绩不理想，他们对学习产生了抵触的心理，不愿意学习，在数学知识的学习过程中，他们通常不会进行知识的预习，教师在进行重点知识的讲解过程中，也很少有学生做课堂笔记，甚至出现嬉戏打闹的情况，不注意听讲，下课之后更不会进行课后知识的复习，对待教师留的课后作业也只是通过抄袭完成，很少人会通过自己学习独立完成。由于对数学学习不重视，学生不能进行自我约束和自我管理，不利于高职数学教学工作的开展，同时也影响了学生数学学习能力的培养，大大降低了高职院校学生的综合素质。

## 二、高职数学教学中学生学习兴趣的培养策略与方法

### （一）建立和谐稳定的师生关系，提高学生的学习兴趣

想要培养高职数学教学中学生的学习兴趣，首先就需要保证教师和学生之间相处融洽。学生与老师之间保持和谐的关系是开展数学教学工作活动的基础。当学生由于成绩不好，不能进行数学学习的时候，会对老师的教学管理产生厌烦心理。教师辛苦付出没有获得回报，很容易让教师迁怒于学生，不利于培养学生的数学学习兴趣。所以教师要保持良好的教学心态，站在学生的立场进行分析，由于学生已经付出了很大的努力，但是学习成绩仍然不理想，这样的情况下，教师更应该及时关心学生，做一下学生的心理工作，不断鼓励学生，从而激发学生的学习兴趣。教师的角色是多样的，在课上和学生是师生关系，负责知识的教学工作，在课下，教师和学生是朋友关系，不论是学习问题还是生活问题，都可以和学生沟通与交流，从而建立和谐稳定的师生关系。由于学生在学习的过程中会模仿教师的生活习惯，所以教师在日常教学过程中要表现出对数学教学有很大的兴趣，并且认真讲课，思维严谨，学生在这样的教学环境下学习也会受到老师的影响，积极投入数学知识的学习，不断激发自身的数学学习兴趣。

### （二）针对不同水平学生进行分层次教学

高职院校招生的学生在入学的时候每个人的学习基础不一样，学习能力以及学习目标都存在很大的差异，面对这种状况，就需要高职院校的数学教师进行分层教学，不能对所有的学生进行统一难度知识教学，否则会导致部分学生能够跟上老师的知识教学，但是部分学生由于基础不好，不能跟上老师的教学内容。学校可以在入学后为学生安排一次测验，将不同基础的学生进行合理分班教学，也要了解学生的真实意愿，不同班级制定不同的数学教学目标，进行分层次教学。年度的考核标准要符合学生的学习基础。让学生在实际的听课学习的过程中能够更好地融入，争取听得懂、听得会，让学生的努力可以看得见成果，从而培养学生的学习兴趣，提高学生的数学学习能力。

### （三）结合生活实际，进行数学知识教学

数学学科对人类文明的进步以及社会科技的发展都是十分重要的，在数学教师的实际教学过程中，教师可以边讲知识边为学生普及知识的由来，可以适当举例说明数学学科对社会发展以及人类文明进步的作用，让学生能够真正意识到数学知识的重要性以及数学学科的魅力所在，在数学知识的传播过程中也要不断指导学生学会数学思维，通过数学思维思考问题和解决问题，让学生了解到学习数学知识对自身发展的重要性，对数学知识当中的科学知识、世界观、方法论等一些哲学思维进行充分了解，从而不断提高学生的综合素质。在数学教学的过程中，教师也要让学生明白数学知识来源于生活，同样也服务于生活，要积极引导学生利用数学知识解决生活中遇到的问题，同时也要教会学生善于发现生活中的数学问题，并且运用课堂上所学的数学知识进行解答，从而锻炼学生的数学思维，不断提高学生的数学学习兴趣，培养学生的综合素质。

### （四）培养学生学习习惯的养成，实现高效的学习

大部分高职学校的学生之所以学习成绩不理想，很大原因是缺乏良好的学习习惯以及科学的学习方法。知识的学习不能一蹴而就，是长时间积累的一个过程。数学知识也是一样的，要让学生明白临时抱佛脚的学习方式是不正确的，想要学好数学，就需要细水长流，慢慢进行知识的积累，从量变到质变。只有养成良好的学习习惯，数学知识的学习才能事半功倍。在数学知识教学前，需要学生进行知识的预习工作，通过预习对重点知识有大概了解，在学习过程中跟上老师的教学思路，做好知识笔记，课后按时完成老师布置的课后习题，对于没掌握的进行重点研究，形成高效的学习方法，从而提高学生的数学学习兴趣。

### （五）教师灵活教学，吸引学生的注意力

学生作为高职院校的教学活动主体，在进行任何的教育活动开始之前，教师都需要合理、清晰地掌握学生的学习基础、学习能力以及学习习惯等问题，以方便教学工作更好地开展。根据不同学生的不同情况采取不同的教学方法，对班级里数学基础知识相对薄弱的学生采取基础性教学，主要从教材的定理、概念进行基础的讲解，采用传统的教学方法即可，让学生能够掌握数学定义及定理的基本内容。对学习水平相对来说高点的学生进行探究的方法教学，比如教师提出一个具有探究意义的问题，学生可以相互组成小组，小组内进行数学知识的探讨，要保证学生都参与其中。通过小组研究，进行总结发言，实现问题的解决。这样的教学方法有利于提高学生的独立思考能力以及数学问题的解决能力，也能培养学生的数学学习兴趣。对于需要动手实操的知识教学，教师可以通过实验进行数学知识的验证，让乐于动手的学生体验到数学实验的乐趣，从而喜欢上数学学习，培养学生的动手能力。灵活的教学方法对于学生的数学知识学习非常重要，既能满足不同水平学生的学习需求，又能最大限度调动学生的数学学习积极性，是重要的教学方法。但是不管采用哪种教学模式和教学方法，都要始终坚持以学生学习发展为主要目标，结合科学有效的方式方法，吸引学生的注意力，提高学生的学习积极性，培养学生的数学学习兴趣。

综上所述，兴趣是学生学习发展的重要基础，想要实现学生的学习素质能力提升，首先就需要积极培养学生的学习兴趣。高职数学知识教学的过程中，一定要让学生正确认识数学学科的重要性，通过建立稳定和谐的师生关系，愉快地进行课堂教学；也要保证教师的教学充分结合实际生活，培养学生良好的学习习惯，利用灵活的教学方法，满足不同水平的学生学习需求，从而实现学生数学学习兴趣的培养。

# 第三节　高职数学教学中学生自主学习能力的培养

数学作为高职课程教学的重要组成部分，在实施高职数学教学的过程中存在一定的重点、难点问题，影响了高职数学教学质量的提升。当前高职数学教学需要强调学生自主学习能力的培养，让学生能够获得学习数学的内在动力，积极主动且自律自觉地学习，最终获得知识、技能与方法的全面提升。全面培养高职院校学生数学自主学习能力，必须要从学生的学习心理、教学内容以及教学活动组织形式等多个方面入手，实现对学生的有效引导。本节主要围绕高职数学教学中学生自主学习能力培养的重要性，以及方法策略展开具体的分析，最后提出相应的培养策略。

## 一、学生自主学习能力在高职数学教学中的重要性

### （一）适应学生未来发展的需求

在高职数学教学中，强调培养学生的自主学习能力，能够更好地适应学生未来发展的需求。对于高职院校的学生来说，普遍存在着数学基础较差、对数学学习存在畏难心理等问题，学生很难发自内心地对数学产生兴趣和喜爱，这也是影响数学自主学习能力提升的关键所在。与此同时，高职学校的许多专业，如机械类以及工程类，都与数学息息相关，因此高职学生学好数学对其未来的专业发展具有非常重要的帮助。在实施数学教学的过程中，培养学生的自主学习能力，从兴趣引导这一层面入手，深入地分析和研究学生的学习心理，创新高职数学课堂教学组织形式，让学生能够产生自主学习的动力和动机，从而为高职院校学生综合素质的提升以及可持续专业发展奠定重要基础。

### （二）提高高职数学教学质量和水平

在高职数学教学中，培养学生的自主学习能力，还有利于从根本上提高高职数学教学质量和水平。就当前高职院校学生普遍数学学习情况和学习水平来看，大部分学生都缺乏相应的自主学习意识和自主学习能力，甚至有相当一部分学生对数学存在厌恶心理，把数学课程看作一项十分艰巨的学习任务，没有形成正确的思想认识，存在一定的被动心理。在这样的情况下，学生很难配合教师的节奏来进行学习，对于教师在课堂上讲述的内容一知半解，课后也没有复习和巩固的意识，认为只要应付过期末考试就可以了，这就使高职

数学教学质量和教学效率长期难以得到有效提升。为解决好这些问题，就要从培养学生自主学习能力出发，培养他们独立于教师和课堂之外的学习能力，树立正确的学习观念，实现数学教学由课堂向课外、由教师主导向学生主导等方向的延伸，实现数学教学质量的提升。

### （三）优化高职数学教学模式和方法

在高职数学教学中，培养学生的自主学习能力，还能够进一步优化高职数学的教学模式和教学方法。以培养学生自主学习能力为主要的教学目标，就能够紧紧围绕着学生这个中心，充分发挥学生在数学教学中的主体地位，改变传统的填鸭式教学模式，通过增强师生互动、增加任务探究等方式方法，激发学生学习数学的兴趣，让学生能够积极主动地利用课内和课外的时间进行自主学习和自主探究，从而达到数学教学效果的优化和提升。

## 二、高职数学教学中学生自主学习能力的培养策略

### （一）结合学生兴趣实现引导式教学

高职数学教学中要培养学生的自主学习能力，就要结合学生的兴趣爱好，实现引导式教学。所谓兴趣是最好的老师，是充分地激发学生对学习数学的兴趣，让学生"想学"，这是培养学生自主学习能力的基础和关键。为了有效地激发学生的内在动力，高职数学教师就要着重体现数学的应用价值，充分发挥数学的实用性特征，将数学与学生所学专业结合起来、将数学与生活实际联系起来，让学生能够发现数学学习的乐趣和意义，从而产生探究的欲望。例如，机械工程专业会进行一些零件模型的制作，在进行数学教学的过程中，就可以将几何原理同专业实践进行紧密联系，让学生尝试应用数学几何的相关知识去解决实际问题，从而将单调和枯燥的数学抽象知识转化为具象化的问题，在降低数学学习难度的基础上使学生产生学习兴趣，提高自主学习能力。

### （二）优化教学内容实现分层教学

在进行高职数学教学的过程中，要有效地培养学生的自主学习能力，在学生"想学"的基础上，帮助学生树立科学合理的学习目标。这就要求高职数学课题组及数学教师着重优化数学教学内容，实现分层教学。第一，应当结合不同专业对数学知识的需求来调整数学教学内容，精心编选和专业联系更为紧密的例题和习题，降低数学教学内容的深度，拓宽数学教学内容的广度，配合专业来做好课程开发。第二，高职数学教师要尊重学生的个体差异，因材施教，针对不同学习水平的学生设置层次性的教学目标，设计难易程度不同的教学问题和教学任务，让学生能够对自身的学习情况和学习能力有全面和正确的了解，在此基础上设立不同层次的学习目标，从而更容易获得进步，感受成功的喜悦，变被动学习状态为主动学习状态，实现自主学习能力的提升。

### （三）创新教学形式构建数学翻转课堂

高职数学教学除了要培养学生的自主学习能力，还要给学生创设相应的学习环境，提供自主学习的便利条件。首先，高职数学教师要优化和创新数学教学形式，可以充分地利用现代信息技术和丰富的网络资源，制作电子课件和电子教案，归纳和总结适合高职学生的专业题库，搭建高职院校数学精品课程网站，为学生提供优质的自主学习资源，学生可以通过学号登录来进行资料下载和自主学习。其次，在数学课堂中，数学教师也可以充分地利用多媒体技术实现对数学教学内容的拓展和延伸，通过动态和形象化的演示来提高学生的理解能力，为学生积极主动地参与教学活动奠定重要基础。最后，可以利用微课视频来构建高职数学翻转课堂，让学生充分地借助课外时间来进行自主预习，提前熟悉和了解数学教学的相关内容，而对于数学教学中的重难点问题，则放到课堂上集中进行讨论和分析，从而极大地提高高职数学课堂教学效率，同时打破时间和空间的限制，让学生能够主动地进行预习。除此之外，教师通过录制微课视频，还能够给学生提供自主复习和巩固提升的路径，对于比较难以掌握的知识，可以反复观看、反复学习，逐步培养高职院校学生的数学自主学习意识和能力。

### （四）结合教学任务积累学习方法和经验

高职数学教学中要培养学生的自主学习能力，关键在于掌握正确的学习方法，养成良好的数学自主学习的行为习惯。这就要求高职数学教师结合数学教学任务，给学生充分的独立思考和独立学习的空间。高职数学教师可以采取任务教学法，将学生分成不同的学习小组，结合专业要求来进行数学案例的探究，小组成员之间取长补短，充分发挥主观能动性，教师要成为学生自主学习的组织者和策划人，通过有效的引导让学生在自主学习的过程中掌握问题分析和问题解决的知识和技能，从而逐渐积累有效的学习方法和经验，实现自主学习能力以及逻辑思维能力等的提升。在实施任务教学的过程中，教师要注意优化教学评价方式方法，设置多元化的评价标准，重点在于引导学生对自主学习的效果及成果进行自我评价，明确自身存在的问题和不足，通过自我调节和自我反思来调节和修正自主学习的方式方法，达到事半功倍的学习效果。

综上所述，从兴趣引导、课程开发、信息化建设以及方法培养等几个方面入手，提升学生的自主学习能力，既符合高等数学教育工作改革的要求，同时也契合高职院校学生综合发展的需求，凸显高职教育的质量和水平。

# 第四节　高职数学教育与创业能力培养

当前，"大众创业，万众创新"已经成为推动我国经济发展的重要推动力。各大高校纷纷开设创新创业课程，掀起一股"创业教育热"。但目前我国高校的创业课程大多独立于专业教育之外，局限于操作层面和技能层面的财务管理、市场营销、公司金融等课程。教育方法往往停留在课堂教学、比赛和报告会等浅层次形式，这种形式在一定程度上是表面化、情绪化的创业能力培养，效果来得快，去得也快，很难在深层次提高大学生的创业能力。《中国大学创新创业教育发展报告》指出，创新创业教育的内涵是事业心与开创能力的培养。可见，大学生创业教育区别于创业培训，本质上仍是培养人的教育，创业能力培养的核心是培养学生的创新能力和开拓进取精神，并不是要将所有的学生培养成"老板"，因而需要在整个人才培养体系框架内来思考创业教育。在人才培养体系内，课程直接承载着办学理念，是实现人才培养目标的基础性工作，也是教育改革提高人才培养质量的关键所在。

目前已有不少研究将专业课程与创业教育进行联系，王福英等人研究了创新创业教育与会计学专业的融合，高树昱研究了工程科技人才的创业能力培养机制。但创业教育的理念不仅要贯穿于高等学校的专业教学，更要体现在基础课程的教学中。数学当下已经成为自然科学、工程技术、社会科学等学科不可缺少的基础和工具。数学教育的质量，对创业能力的培养是潜移默化的过程。美国百森商学院的创业学课程体系被誉为美国高校创业教育课程化的基本范式，开设的创业课程就有微积分等数学课程。

## 一、对高职学生创业能力的认识

国外关于创业能力的定义有很多，但它们的一个共性特征是强调创业能力是个体的一种综合素质，包含个性、技能和知识等多种要素，是这些要素的一种综合状态。国内有学者将创业能力分为创业素质和创业技能两个维度，其中人际能力、创造力、风险承受力和知识结构构成了创业素质维度；而机会能力、资源整合能力、营销能力和管理技能则构成了创业技能维度。王辉等人提出大学生创业能力的内涵包括关系胜任力、机会把握力、创新创造力、资源整合力、创业原动力、创业坚毅力和实践学习力7个方面。

总之，创业能力不是一项独立的能力要素，而是人的综合素质。关于个体素质的认识，美国心理学家麦克兰德提出了著名的冰山模型。他认为个体素质包含知识、技能、品质和动机等几部分。其中，浮在"冰山上"知识和技能属于外显的要素，易于发现和评价；而沉在"冰山下"的其他要素属于隐性的基础，很难发现和测量，却是决定外在表现的关键因素。

对于大学生来说，以上所说的创业能力可以看成是冰山上的显性部分，这些能力中极少数可以通过短期培训来获得，大多数需要长期的熏陶和训练，甚至还有些能力像把握机会能力根本无法训练，只能是其他隐性知识和能力的一种迁移，因此发现并加强冰山下的隐性基础更加重要。

江苏经贸职业技术学院的"180创业园"作为全国大学生创业示范园区，重点支持高职学生的创业实践，在多年实践经验的基础上，开发了15种能力项立体分析创业者的创业能力。本节作者通过直接访谈的方式调研了数学教育这一隐性基础与这些创业能力的关系。访谈针对"180创业园"内的12位成功创业的大学生进行，这些学生的创业企业涉及教育、软件、餐饮和服装等行业，受访者所学专业涉及信息技术、工程技术、金融和艺术设计等诸多专业。

## 二、数学教育对高职学生创业能力形成影响分析

从目前的高职院校招生体制来看，高职学生基本都是基础知识处于较低水平的高中生，进入高职院校学习期间，大部学生都对数学畏难。但在调研中却发现，受访者普遍认为数学教育对创新思维能力、财务管理能力、业务学习能力和报告撰写能力的影响比较明显。笔者从数学教师的角度进一步分析了数学教育对上述创业能力形成的影响。

### （一）数学教育对创新思维能力的影响

创新思维在数学教育中体现为对现实生活中的现象能够独立思考、严谨推理，并从数学的角度对问题进行分析和探索。创新思维中经常倡导的"逆向创新思维""发散创新思维"和"集成创新思维"在数学教育中体现得最为明显。

逆向创新思维是一种反面求突破，反其道而行之的思维方式。很多的创新都来自这种思维方式，像吸尘器就是英国工程师舒伯特为解决压气机吹扫火车厢垃圾杂物的麻烦而发明的。学生在创业中经常会碰到困难，有时正面思考怎么也找不到解决办法，感觉钻进了死胡同，这时非常需要换个思路，从反方向着手，说不定就柳暗花明又一村了。而这样一种思维方式，在数学教育中是经常体现的，如反证法、逆映射和逆否命题等内容都包含着逆向思维能力的培养。

"发散创新思维"又称多向思维，是指从一个目标出发，沿着各种不同途径去思考，探求多种答案的思维方法。这种思维能力的培养在数学教育中最经典的就是一题多解的应用。通过鼓励学生从不同方面去思考同一问题，训练他们的发散思维，进而培养他们不墨守成规、不拘泥于传统的创新意识，最终形成创新能力。

### （二）数学教育对财务管理能力的影响

现代企业的财务管理，绝不是收入支出这样简单的加减法所能解决的。即使是初创业的小微企业，日常财务管理中也经常需要处理紧急批量问题，即需要解决一定时期内存储成本和订货成本最低的采购批量。这时数学教育对财务管理能力的影响就非常明显。另外在财务管理中对财务风险的把握，也体现了数学教育的影响，很多创业者一心只想着高收益，殊不知高收益面临的必然也是高风险，这是一个条件概率问题。可以看出，严谨的数学教育从一定程度上会提升创业者的财务管理能力。

### （三）数学教育对业务学习能力的影响

现代社会，数学是自然科学、工程技术的关键工具，很多大型工程、尖端科技都需要

数学模型的准确分析和精确控制，其对业务学习能力的影响不言而喻，尤其在社会科学中，数学也发挥着越来越重要的作用。除了众所周知的数学在经济数据统计和经济运行模型预测中的应用，越来越多的逻辑学、法律法规和历史学也借用数学知识来研究本领域的问题。可见数学对各个行业业务学习能力的影响都有着无可替代的作用。

### （四）数学教育对报告撰写能力的影响

现代创业中，无论是市场调研、财务分析，还是项目申请，都离不开报告的撰写。这一项看似纯文字的工作，似乎与数学扯不上关系。但是受访者纷纷表示，好的报告要求思路清晰、论证严谨、数据准确，而这些正是数学教育中一直强调的。正如日本数学教育家米山国藏说过的，学生也许忘掉了具体的数学知识，但深深铭刻于头脑中的数学思维方法却时刻发生作用，使他们受益终生。

## 三、从培养创业能力隐性基础的角度探索高职数学教学方法

从上面的分析可以看出，数学教育对创业能力的影响是深层次的，是潜移默化的。从能力迁移的角度看，以上四种创业能力可以看成是数学教育中抽象能力、逻辑能力和数字计算能力迁移作用的结果。如果说以上四种创业能力是冰山上的显性体现，那么数学教育所培养的三种能力就是冰山下的隐性基础。如何加强隐性基础就成了当前高职教育改革中不可回避的问题，对数学的弱化甚至削减的争论需要重新审视。作者从不同的能力角度阐述了数学教育所需的不同教学方法。

### （一）以培养抽象能力为主的教学方法

数学教育的抽象思维能力不是空洞的思辨，而是要从生活中来，再到生活中去。因此在教学上要更多地从实际问题出发，引导学生将实际问题归结为数学问题，把实际问题用数学语言描述出来，在得到数学结果后，再用普通语言表述出来。在抽象过程中，重点培养学生学会独立思考。因为抽象出来的数学描述不可能包含实际问题的所有元素，这时要提醒学生学会抓住主要矛盾，舍去一些次要因素，在抽象中对实际问题进行适当的简化。在数学教育中反复加强这种抽象能力的培养，无形中提升了学生对实际问题的数学敏感性。

### （二）以培养逻辑能力为主的教学方法

数学教育的逻辑性表现为环环相扣的逻辑证明，体现出严密的秩序性特征。逻辑能力的培养主要体现在数学问题的求解过程中，在求解过程中需要利用数学知识进行分析、推理和计算。因此在教学上要特别注重基本概念和定理的理解，这些基础是推理论证的前提。高职的很多学生，本身数学基础不是很好，不少学生为了考试，在对基本概念和定理理解不清的情况下，盲目通过题海战术训练解题技巧是本末倒置，往往题型稍有变换就无从下手，甚至概念、定理张冠李戴。在高职数学教育中，强调概念和定理的理解，将为学生严密的逻辑推理能力的培养打下良好的基础。

### （三）以培养数字计算能力为主的教学方法

高职数学教育中，数字计算能力显然不是重点，但在数学问题的求解中，数字计算又是不可避免的。因此计算机和数学软件的应用教育应该是培养数字计算能力的主要手段。而且很多实际问题，人工是根本没有办法求解的，所以像 Excel、MATLAT、Lingo 等计算软件应该成为数学教学中的必备工具，在教学中通过对这些工具的熟练运用，将学生从繁重、低层次的数字计算中脱离出来，从而将更多的精力花在抽象和逻辑等高层次能力的培养上。

课程教育是学校教育的主要途径，高职学生创业能力的培养还要充分依托课程教学，包括专业课程和以数学为代表的基础课程。其中数学教育所培养的抽象能力、逻辑能力和数字计算能力更是学生创业能力的重要隐性基础。本节通过对数学教育和创业能力的关联研究，着重分析了数学教育对创业能力的影响，并在此基础上探索了提升创业能力的数学教育方法，从而为高职数学课程的建设提供了新的思路，也为创新创业教育的实施拓宽了道路。

# 第五节　高职数学教育中学生科学素质的培养

随着社会的不断发展，各行各业对人才的需求不断增加，尤其是具有高技能的应用型人才比较缺乏，高职教育受到人们越来越多的关注。数学作为一门重要的基础学科，在学生素质培养方面起着不容忽视的作用。没有良好的科学素质做基础，必然会影响学生专业能力的培养，也影响学生走上工作岗位后的进一步发展和提高。因此，在科技飞速发展的今天，高职院校必须把培养学生的科学素质作为重要的素质教育内容。

科学素质主要是指人们在认识自然和应用科学知识的过程中表现出来的内在本质。主要表现在科学知识、科学方法、科学思想三个方面。对学生的科学素质教育也应从这些方面入手。本节仅就高职数学教育中的科学素质教育谈几点看法。

## 一、科学知识的教育

科学知识是科学素质的基础，它既能提高学生对世界的认知能力，又能促进学生智力发展和科学世界观的形成。因此，高职数学教育中科学素质的培养，首要的是面向全体学生，做好数学基本知识的普及工作，以提高学生的整体素质，为进一步学习专业知识打好基础。

对学生进行科学知识的教育，在教学中要优选教法，变灌输为启发，变训练为开发，变学会为会学，让学生动手动脑、积极参与，在参与过程中掌握科学知识、发展科学能力。在教学中应做到以下几点：

积极展示基本概念、基础知识发生和形成的历史及现实背景，让学生从更广阔的视野多侧面多角度地观察、探索，以便较准确地进行加工、提炼。

教师"推迟下结论"，让学生参与定义、定理的抽象过程。有些定义、定理，教师可不忙于抛出结论，而是巧设悬念、引导发现。让学生通过试验、观察，提出大胆的猜想，得出结论。若学生猜想不对，可举反例将它推翻，若猜想正确，再让学生设法证明。这样，学生既了解了知识的来龙去脉，又学会了"实验—猜想—证明"的探索方法。学生在校期间学习的知识是有限的，但若学会了获取知识的方法，其价值是无限的。

让学生参与例题的分析、计算或证明，使他们把学到的知识转化为解决问题的能力。

注意把基础知识放在基本结构的网络中进行教学，及时引导学生将所学知识"由点到线，由线到面"地构筑一个动态知识网，在系统中把握其本质。

## 二、科学方法的教育

科学方法是人们在认识和改造客观世界的实践活动中总结出来的正确的思维和行为方式，是人们认识和改造自然的有效工具。数学的概念、定理、公式等知识是数学的外在表现形式，而在数学概念的确立、数学事实的发现、数学理论的推导及数学知识的运用中所凝聚的思想方法乃是数学发展的内在动力，把握住它就可以把握住数学发展的脉络。学生一旦将科学方法内化为自己的思维和行为方式，其智力水平就会大大提高。

高职数学教学中涉及的数学方法有很多：一是逻辑性方法，包括概括、综合、分析、归纳等；二是技巧型方法，如对数求导法、换元积分法、分步积分法等；三是一般方法，如化归法、抽象法、公理化法等。这三类方法相辅相成，共同促进着数学的发展。要使学生掌握这些科学方法，教学中应注意以下几点：

抓住知识和方法的最佳结合点，有意识地渗透科学方法。

数学科学是知识和方法的有机结合，没有不包含数学方法的知识，也没有游离于数学知识之外的方法。有些知识和方法关系比较密切，甚至知识本身就是方法。要及时抓住这些知识进行教育。

提倡"问题解决"的教学方法，使学生逐步掌握解决问题的科学方法。

学生思考问题的过程与科学家进行研究时的思维过程是类似的，一般需要经过以下几个过程：首先明确需要解决的目标，然后对问题进行分析、思考，提出解决问题的设想和策略，最后收集材料进行解释或证明。我们所提倡的"问题教学"就是要引导学生解决学习中遇到的各种问题，使他们逐步掌握科学地解决问题的方法。如高职数学教学中十分重视理论教学和实践教学的结合，在教学中有许多涉及实际问题的例子或与学生专业知识联系密切的数学问题，我们可以设计这类问题使学生学会数学问题与实际问题的相互转化，即由实际问题抽象转化成数学问题，对数学问题进行求解，得出数学问题的解，再用数学问题的解验证或解释实际问题的解。从而使学生形成用数学的方法解决实际问题的意识，掌握研究数学教学和应用数学的方法。

重视数学史的教育。

数学史记载着历代数学家积累下来的丰富的数学成就，记载着数学家在数学活动中的经验和教训，他们的这些宝贵经验，都值得我们去学习，并运用到实践中去。通过这些史实的介绍给学生以启迪，促进学生对科学方法的掌握和内化。

## 三、科学思想的教育

科学思想的教育主要是使学生逐步形成科学观。科学观的核心是辩证唯物主义思想。数学知识、方法以及它们的来源和发展都充满着辩证因素。教学中要通过数学知识的具体分析、讲解，揭示数学知识与现实世界的关系，数学知识内部的矛盾运动，渗透辩证唯物主义的观点。要使学生树立以下观点：

使学生逐步树立物质是第一性的观点。

数学中出现的各种数、各种形式、各种公理和定理等都是以现实的物质世界作为唯一的基础和本源的，这正体现了辩证唯物主义的基本观点。讲清这种观点，可使学生树立尊重事实、尊重客观规律的观点。

使学生树立对立统一的观点。

对立统一规律是宇宙的根本规律。数学中有很多概念：常量与变量、正数与负数、直线与曲线、有限与无限等，这些概念之间既是对立的，又是统一的，它们互相依存、互相制约。很多数学思想方法，如数形结合思想、转化思想、逆向思维等都是对立统一规律的体现。注重这些内容的教学可使学生逐步养成用辩证的观点去分析、解决问题的习惯。

培养学生用联系的、运动的、发展的观点看问题。

数学中任何一个概念、判断、推理都具有自身的矛盾，都是运动的、发展的。数学问题内部诸因素都是互相联系的。教学中要引导学生用联系的、全面的观点从不同的侧面把握数学对象之间的联系，揭示数学对象的运动规律。数学中的联想、变换、类比等方法就是这种辩证观点的具体运用。这也充分体现了辩证法和数学思想的和谐统一。

数学中可渗透辩证法的内容比比皆是，就不再一一举例了。我们应在知识教学中进行思想教育，使学生用辩证法和逻辑思维规律分析、解决问题，使他们善于抓住主要矛盾，借助矛盾转化观点化繁为简，从未知到已知探索问题的解决方法。

总之，在数学教学中进行科学思想教育，既能在宏观上进行正确导向，又能在微观上进行调节与控制，促进学生智力水平和综合素质的提高。

# 第十一章　高职数学教育的应用研究

## 第一节　高职数学教学中微课的应用

微课作为新兴的教学方法，通过计算机与多媒体的结合与利用，将数学知识有效地整合到一起，打破了数学教学上对时间空间的限制。将其应用到高职数学教学中，使学生对数学知识的学习不仅局限于教师课上讲解这一种方式，还可以进一步提高学生的学习兴趣与积极性，从而提高数学教学的效率与质量。

### 一、微课的特点

#### （一）时间上具有简短性

"微课"的特点主要是在"微"字上体现，首先微课的时间要短，要在最短的时间内将问题讲明白。可以通过举例、联想、类比等方式，将难点问题更加直观化、形象化地展现出来，并通过简单明了、学生乐于接受的语言将问题讲解清楚，避免因时间太长导致学生在视觉上产生疲劳，失去学习的兴趣。微课视频的时间要控制在 5~10 分钟，不可以超过 10 分钟，部分比较精练的视频时间要控制在 2~3 分钟。

#### （二）内容上具有精练性

微课在内容要具有较强的精练性。由于在设置高数知识内容的时候，章节之间环环相扣，并且在内容上也具有较强的层次性与关联性，因此在制作微课的时候，对内容进行层次性与关联性的考虑，要充分、全面、详细地对各个知识难点、重点、关键点进行讲解。并且微课的讲解中，先对需要掌握的知识内容进行简单的讲述，然后直接讲解具体问题，这样能够节省大量的铺垫内容，做到有针对性地讲解问题，争取实现小内容大突破，在重点、难点知识点上取得较大成果。

#### （三）效果上具有延展性

对于学生来说，可以有效满足其不同的需求，如对学生考试及格的需求有较好满足；对学生课前课后对重难点知识的预习与复习有较好满足；对学生新知识的探索有较好满足。

## 二、高职数学教学中微课的应用

### （一）将新课程的预习作为微课

高数教师在每节数学课讲解之前对微课进行制作，然后将其发布到学生可以下载以及查看的网站上，让学生对将要学习的知识进行预习，从而做好课前准备，在上课的时候可以快速地融入其中，并且在观看微课视频的时候要说出自己不懂的地方，这样可以有效节省上课时间，并加强教师与学生、学生与学生之间的交流与沟通。教师在制作微课视频的时候可以将与知识内容相关的问题添加进去，让学生自己到图书馆或者是利用网络资源进行了解，最终与其他学生进行讨论得出结果，这样使学生的积极性与主动性在无形中得到增加，同时教师在对学生的疑问进行解答的时候也可以将学生的注意力充分吸引过来，有效弥补传统教学模式存在的缺陷。

### （二）将每节的重点、难点做成"微课"

高等数学内容较多，并且课堂时间有限，在课堂上学生很难对知识点进行消化，基于此，高数教师可以将重点知识、难点知识制作成精练的微课视频，学生可以在课余时间结合自己的实际情况对知识进行了解与学习，从而更好地掌握这些知识，并跟上教师的讲解进度，尤其要让上课不好好听课的学生在课下多次观看，做到因材施教，让学生在课下时间更好地研究课堂所学知识，使学生的数学学习积极性与主动性得到进一步提高。例如极限计算、复合函数求导计算、积分计算等知识点的学习是学生在学习中普遍存在的难点与重点，教师可以将这些知识点做成微课，然后发布到校园网站、学生的微信或 QQ 群，使学生随时随地都可以学习。

### （三）将学生反馈的求解难题做成"微课"

教师可以对学生的学习情况定期进行调查，将学生在高数学习中存在的难点与疑惑收集起来，并制作成微课视频，通过这种调查的方法让学生感受到教师对其的关心，从而将学生对数学学习的积极性充分激发出来。教师按照调查结果对教学方法与方案进行有效调整，把学生存在的难点制作成简单的视频，这样学生通过对视频的多次观看，更好地理解解题思路，进而对数学知识点更好地进行了解与掌握，真正学会举一反三。

### （四）将课后的拓展做成"微课"

目前较多高职院校高数教师在教学的过程中还使用传统的教学方式，根据教材对课程内容进行编排，然后在课堂上讲解。而学生因具有不同的数学基础与学习能力，所以在学习的时候有的学生可以很好地理解，而有的学生则听不明白。因为有的学生对高数的学习仅仅是为了通过期末考试，所以对教师讲解的内容深入没有要求；有的学生则是为了专升本，希望教师加深讲解内容的深度，合理地增加关于接本的知识。例如在大一上学期，高数知识仅仅是讲到了定积分，而升本的学生则许多对二重积分、多元函数偏导数等知识进行学习，在这种情况下，教师可以将这些知识点制作成微课，使这部分学生在课余时间可以学习这些知识。

综上所述，在高职数学教学的过程中，将微课应用其中，能够将数学枯燥无味的缺点进行有效改善。教师对微课视频进行科学合理的设计，并将其应用到教学当中，可以将学生的学习兴趣与学习积极性充分调动起来，进一步提高高职数学的教学质量与效率。

# 第二节  高职数学教育中反思性教学的应用

现阶段，在我国高职院校的数学教学中经常使用反思性教学方法，该方法可以对现有的教学方式进行持续性更新和完善，可以有效提升教学质量和效果，并促进教师和学生共同提升反思意识，有利于双方的共同进步。本节论述了反思性教学在我国高职数学教育中的意义，并通过问题分析针对实际情况提供了反思性教学的实用方法，为实际教学工作的开展提供了一定的理论依据。

反思性教学是将教学实践作为基础，从多角度、全方位对相关学科的教学活动进行观察剖析和评价，该教学方式设计了自我反省、理论学习、学生互动等多个方面，最大限度揭示了教学实践中存在的问题。教师可以引导学生根据反思所得，利用现有资源寻找问题的解决办法，同时体现了学生的主体性以及自主参与，有利于学生在解决问题时寻找自身的不足。

## 一、反思性教学的意义

数学在高职院校的教学体系中属于一种实用性较强的基础学科，其自身具备比较强的反思精神和逻辑性，有利于学生反思和批判精神的培养，反思性教学方式的应用有利于发挥数学的学科特征，激发学生学习的积极性。高职数学的传统教育方式以知识的讲授和练习为主，缺乏反思教学的环节，缺少学生反思思维和问题解决能力的培养，因此高职院校应从问题创设、巩固复习、课堂总结等教学环节入手，建立起以反思为核心的高职数学教学体系。

## 二、高职数学教学中存在的问题

### （一）学生畏惧数学学科

"填鸭式"等传统授课方式使得数学教学相对烦琐枯燥，再加上数学自身的抽象性，提升了数学教学的难度，导致某些专业基础相对薄弱的学生畏惧数学，严重挫伤了学生参与学习的积极性。此外，数学学科的学习具有一定的关联性，一旦学生在某个环节的学习出现落后，很容易拖累学科整体的学习进度，因此高职院校中普遍存在学生惧怕数学学习的现象。

## （二）授课与教学脱节

许多高职院校的教师接触高中数学教学的实际较少，缺乏对高中生数学实际学习情况的了解，只能对入学学生做出学习习惯不良、主动性差、成绩差等模糊性的评价，没有对引发问题的根源进行深入的探究。这就导致高职院校教师在实际教学工作的开展中难以实现因材施教，尽管教师投入了许多精力却难以取得成效。

## （三）教学评价工作不完善

高职院校的教学重点主要是专业教学方面，因此学校的管理工作也主要放在专业教学上。因此，高职的数学教学处于一个比较尴尬的位置，一般情况下对学生的教学要求仅是了解概念、学会代入公式，考试题目也一般较简单，以保证学生的通过率为目的。这导致教学目标难以实现，无法开展有效的教学评价工作。

# 三、反思性教学在高职数学教学中的应用方法

## （一）加强教师的自我反思工作

自我反思是教师根据教学实践对数学教学的理念和过程进行反思，自我反思工作的开展要求教师具备充分自觉的反思意识。教师应针对高职课堂的数学教学设定合理的教学目标，并围绕教学目标设计出科学的教学方案，对方案具体细节进行认真分析，结合课堂教学的实际效果进行有针对性的推敲完善，实现教师授课与学生学习的有效结合，从而提升教学的效果。教师对教学细节的反思是提升自身教学水平和质量的重要途径，有利于教师教学，积累教学经验，避免在教学中走弯路，激发教师投入课堂教学的积极性，有助于打造灵活有趣的课堂，促进师生双方共同提升。

## （二）加强教师之间的沟通交流

高职院校教师对自身的教学方式存在一种固有的认识，无法发现教学中存在的缺陷和优点，因此可以加强与其他教师的交流，通过其他教师的评价来客观地认识自身的教学工作，触动自身的反思。这有利于教师发现自身教学工作中存在的一些细节问题，有助于建立符合自身特点的教学体系。此外，教师在与其他同事的相互协作中可以接触到更加多元化的课堂，吸取一定的教学经验，促进对自身的反思。

## （三）加强理论学习

反思意识的培养离不开系统性的理论学习，教师对教学内容的理解和掌握有利于创新性教学方式的建立和教学能力的增强。教师在教学实践中的困惑体现了教师对理论知识的浅薄理解，只有将教学实践中出现的问题在理论层面进行细致的分析探究，才能找到问题的根源，进而掌握解决问题的办法。一个新的教学观点需要经历接受、评价、组织等循序渐进的过程，理论学习在其中发挥着相当关键的作用。

### （四）倾听学生的意见

教师应加强与学生的交流，学生传递的信息有助于教师对自己形成正确的认识，也可以为教师的教学设计提供完善的思路。教师在课堂中应主动创造与学生沟通的机会，在课下积极与学生互动，以促进二者的共同进步。

总之，反思性教学的实施，有助于高职院校教师将教学经验以理论的形式指导今后教学工作的开展。其应用可优化教学方案，增强教学的生动有趣性，提升学生的参与兴趣，给学生带来更加科学合理的学习体验。高职院校应重视反思性教学的开展，这样才能实现教师与学生的共同提升，追求更高的教学目标。

## 第三节　高职数学教育中混合式学习的应用

高职数学是理工科大学生的一门基础必修课，在培养学生逻辑思维能力和分析处理问题能力等方面有其他课程所不可替代的作用，其教学效果的好坏直接影响到学生后继课程的学习。然而，大学数学的"枯燥、乏味"基本上是大多数工科学生所公认的。作为高等院校的数学教师，在发挥传统教学方法优势的同时，迫切需要进一步探索新的、行之有效的教学方法，来促进教学改革。

互联网的迅速发展使得信息技术逐渐走进我们的生活与学习中，并且凭借着信息技术平台的应用，混合式学习在教学中得到了广泛应用。科学合理的混合式学习能够对高职数学的教学质量进行优化，启发学生的自我探索和创新能力，且能帮助学生更加深入地掌握与运用数学基础知识，不断激发和培养其数学思维。

本节我们探索在高职数学教学中如何实施混合式教学及建立与之对应的合理的教学评价机制。

### 一、混合式学习的含义

混合式学习是对"网络化学习"的超越与扩展，并且根据学习人员的实际情况，把传统教学方式的优势和当前网络化教学方式的优势进行有机结合，从而不仅发挥了教师引导、启发、监控教学过程中的主导作用，还激发了学生的主动性、创造性与积极性。而高职院校的数学教学因其具有高度抽象性、严密逻辑性和广泛应用性的特点，从而造成数学知识不仅枯燥乏味，而且很难让学生对其进行深入了解。但随着电子计算机的出现和应用，数学的应用领域更加广阔，使得社会对数学知识人才的需求也越来越高。因此，将混合式学习应用于高职数学教学中，能够依靠教学资源的辅助作用，充分发挥学生的主观能动性，让学生带着自信与想法走入课堂，激发和培养学生的数学思维，使其能够灵活地掌握与运用数据基础知识，并且能够解决数学知识在课堂上无法深入开展以及抽象难懂的矛盾，不断促进教学质量的提升，从而为我国社会发展培养出综合性较强的数学专业人才。

## 二、针对混合式学习在高职数学教学中应用的保障措施

混合式学习在高职数学教学中的应用，虽然能够在一定程度上提高教师的教学水平，但其对教学资源的要求也逐渐升高，所以为了保证混合式学习的有效开展，可以采取下列措施进行改善：第一，对教师进行技术培训。在开展混合教学模式前，教师首先要对混合式学习的具体特点进行深入了解与掌握。在投入教学实践前，学校可以聘请专业人员针对教师进行相关软件培训，从而为实践混合式学习的开展提供技术保障。第二，建立信息交流的平台。在当今科技发达的社会形态下，智能终端设备与网络的有机结合可以提供更加便捷高效的沟通途径，所以可以通过建立相应的信息交流平台，来拉近学生与教师之间的交流距离，以便教学效率的提升。第三，开发配套资源库。由于教学素材在教学过程中占有十分重要的地位，而教师要激发学生的数学兴趣，就要在获取教材资料的同时使教材资料拥有生动有趣的特点，并且要适当运用形状、颜色、动画以及图片等效果来展现数学知识的生动性，从而为提升数学教学质量水平奠定基础。

## 三、混合式学习在高职院校数学教学中的应用

高职数学在培养学生逻辑思维能力和分析处理问题能力等方面有其他课程不可替代的作用，而将混合式学习应用于高职院校数学教学中，不仅有利于学生系统地掌握高职数学基本知识与概念，还有利于培养学生分析问题、解决问题的能力，所以教师要因地制宜地引导学生对高职数学知识的渴求，不断调动其学习兴趣，提高其学习主动性与创造性。

### （一）在概念课与复习课堂上的应用

在高职院校数学教学中，概念课与复习课是两种不同类型的课堂，其所需要的混合式学习也有所区别。其中，概念性课堂是让学生能够正确理解相应的数学内容，并且能够将数学知识合理地运用于实践生活中，从而完成学习任务。因此，为了帮助学生对数学知识点进行深入理解与合理运用，在混合式学习中可以围绕相关知识点来对开放题进行设计，以激发学生对问题的探索热情，不断提高其学习效果；而复习课是让学生对知识点进行自我总结，为了激发学生的自主参与性，教师可以通过答疑讨论平台，让学生通过信息技术手段，把学习中产生的问题提出来，然后教师将问题进行集中研究，把共性问题放在复习课堂上一一解答，个别问题及时通过答疑讨论平台与同学们一起交流，从而让学生通过教师对思路的引导、问题的解释，来掌握知识要点，不断提高自信，使整个教学气氛融洽，让学生在学习道路上不断充实自信，提高成绩。

### （二）在教学资源中的应用

在高职院校数学教学过程中，传统的教学模式大多是以教师为主体的"黑板＋粉笔"

模式，而当前大多部分教师采用电子教案的多媒体授课。随着混合式学习的不断发展，将上述两种模式进行有效结合。同时，在教学过程中，教师可以适当采用一些音频、视频资料，来提高学生学习数学的积极性，全面提高数学教学效率。

### （三）混合式教学的实施

在"微积分"和"线性代数"教学过程中，我们采取以下三种混合模式：

1. 教学资源的混合：传统的"微积分"和"线性代数"的教学模式大多是以教师为主的"黑板＋粉笔"的模式，而随着多媒体设备的普及，有时候也采用电子教案的多媒体授课。目前我们把两者结合起来，在采用多媒体授课的同时不忘黑板和粉笔。整体知识结构框架，重难点知识用电子教案事先做好，用多媒体来演示，对定理的推导过程则采用粉笔在黑板上演示。教师不再是单一的电脑操作员，也不再一味板书，而是多种教学模式综合的引领者。例如：在计算二重积分、三重积分时，直观、形象地理解积分区域是难点内容，教师可以用数学软件画出立体图形，在多媒体上演示，这样不但方便快捷，图形准确，更便于学生理解接受。在讲解定理的证明时，教师还要借助于黑板和粉笔，这样不但发挥了传统教学的优势，也体现了数学学科注重逻辑性、过程性的特点。教学过程中，适当采用一些音频、视频资料。采用电子教案省去了大部分扮演的时间，提高了教学效率。

2. 学习方式的混合：学习方式的混合主要是课堂学习和网络在线学习的混合。在备课过程中搜索网络上相关的优质教学资源，在讲课过程中指导学生共享，同时顺势引导学生自觉查阅网络资源，主动、有目的地利用课后时间在线网络学习。对某一班级或同学或同教材的某些班级，通过 BBS 创建学习论坛，建立班级在线聊天室，这样学生可以在线提问，教师可以在线答疑。通过网络讨论交流，激发学生的学习兴趣。

3. 学习环境的混合：这两门课程的学习环境主要是多媒体教室，除此之外，还可以利用机房。抽出少量学时向学生介绍常用数学软件，如 Mathematica、MATLAB 等。利用机房学习环境，让学生自己用 Mathematica 演示微积分基本定理，验证牛顿—莱布尼茨公式，演示函数多项式逼近过程，演示周期函数的傅立叶级数展开等。利用 MATLAB 计算矩阵的特征值特征向量等。通过上机实践，应用数学软件设计一些实验方案，让学生在实验、探索和发现中理解数学概念、学习数学原理，学生的学习兴趣会大大提高，晦涩难懂的概念定理也会较容易地掌握。

总而言之，混合式教学对培养学生自主学习能力、探索精神、信息素养水平以及优化教学质量有着极大的促进作用。所以，教师在高职数学教学中开展混合式学习，不仅能够发挥自身的主导作用和学生的主体作用，还能够充分调动学生的学习积极性，不断提高教学效率，从而促进高职数学教学的高层次发展。

# 第四节　高职数学教学中的情感教育应用

情感是人对客观事物是否满足自己的需要而产生的态度体验，数学情感是学生对应用数学这门课程的感情，是在数学学习过程中产生的一种稳定、深刻而持久的内心体验，也就是学生学习数学的兴趣、动机、意志和自信心。长期以来，高职院校应用数学课程教学普遍存在重知识、轻情感的现象，只注重培养学生的数学应用能力，为学生学习专业课服务，而忽视学生在学习过程中表现出来的动机、兴趣、意志等非智力因素，导致部分学生对应用数学缺少学习动力，缺乏学习热情，形成厌学心理。实践表明，情感是成功教学的第一要素，培养学生的数学情感是提高应用数学教学效果的重要法宝。因此，高职教师应该重视应用数学教学中的情感教育，使相对枯燥的应用数学课程变得生动有趣，激发学生对应用数学的学习兴趣，提高课堂教学质量，健全学生的人格。

## 一、建立融洽和谐的师生关系，积极进行情感交流

"亲其师"，才能"信其道"。建立融洽和谐的关系是情感教育的前提，教师和学生之间能否建立良好的师生关系，直接影响到课堂教学的正常进行，影响到学生的学习态度和学习效果。部分高职院校的学生存在学习畏难情绪，自卑心理较严重，失落感较明显，普遍缺乏学习自信心。根据高职学生普遍存在的心理特征，教师应从以下几个方面入手建立和谐融洽的师生关系：

### （一）要有关爱之心

教师的关爱对学生来说是一种温暖，恰似春雨滋润学生的心田，是建立和谐师生关系的纽带。教师要放下架子，以朋友的身份与学生平等交流，倾听学生的心声，了解学生的内心世界，善于发现学生的优点。要像对自己的孩子一样去爱学生、尊重学生、相信学生，在学习和生活方面主动帮助学生解决遇到的问题。苏霍姆林斯基说过："要成为孩子的真正教育者，就要把自己的心奉献给他们。只有对学生倾注了感情，才能获得学生的信任和尊重。"当教育注重体验和心灵的息息相通时，教育者和受教育者就能成为朋友，就能消除彼此的隔阂。

### （二）善于赞美学生

渴望得到别人的肯定和表扬，这是每个人都有的心理需求，学生更是如此。部分高职学生有着学习畏难情绪，学业上的自卑心理较严重，更需要教师的鼓励和赞美。有的学生，因为被赞赏、被寄予厚望，于是充满自信，积极进步，成绩提高快；有的学生，因为努力和进步得不到充分赞赏和肯定，于是自信心减弱，成长受到影响。为此，教师要善于发现学生身上的闪光点，并及时赞美，使学生看到成绩，看到光明，增强学生的自信心。

### （三）用豁达的胸襟宽容学生

人非圣贤，孰能无过。学生在成长的过程中难免会出现这样那样的过错，教师要设身处地地为学生想一想，理解学生、相信学生，并以自己的言行促进学生不良观念和行为的转变。教师应在思想上保持一定的高度，不能纠缠于学生某句难听的话和某种不良行为，而要以宽容之心允许他们犯一些错误，并帮助他们改正错误。

当然，教育学生还要掌握一定的方法和技巧。当学生在某些方面犯了错误，教师不要先批评其错误，而应该首先肯定他们平时的良好表现和其他方面的优点。然后针对具体事情给学生分析利弊，让其认识到问题的实质，并从各个方面对症下药。这样学生会认为老师并不是有意刁难，老师是对事不对人，从而认真接受老师的批评教育，主动改正缺点。

## 二、注重知识性与趣味性相结合，激发学生学习兴趣

应用数学是一门利用数学方法解决实际问题的学科，部分教师在教学过程中采用传统的灌输式教学模式，难以激发高职学生的学习兴趣。很多学生的应用数学成绩较低，甚至有部分学生出现挂科现象。因此，教师在教学过程中不能只考虑认知过程，还要考虑情感教育，将知识性与趣味性相结合，激发学生学习数学的兴趣。

### （一）融入数学史

在高职院校应用数学课程教学中，教师可以引入相关的数学史，将数学史与教学内容相结合，通过数学史创设情境，激发学生的学习兴趣。例如，在教学"坐标系"时，可以给学生介绍笛卡尔。笛卡尔被称为"现代哲学之父"，他于1637年提出"坐标系"的概念，因将几何坐标体系公式化而被称为"解析几何之父"。向学生讲述笛卡尔在何种情况下为数学发展做出的贡献，可以吸引学生的注意力，更有鼓励学生知难而进的效果。又如，在讲解"集合"知识时，可以向学生介绍"集合论之父"康托尔，同时还可以介绍"集合"中的悖论，如引入"乡村理发师悖论"，激发学生对集合知识的兴趣，开阔学生眼界，使学生对应用数学课程产生浓厚兴趣，推动学生积极学习。

### （二）引入案例教学法

案例教学法是一种以案例为基础的教学法，生动具体，能够调动学生的学习主动性。在教学过程中，教师可以以案例为基本的教学材料，设计相应的教学情境，加强师生情感交流，提高学生分析问题、解决问题的能力。例如，在教学"极限"概念时，可以引入庄周所著的《庄子·天下篇》中的一句话"一尺之棰，日取其半，万世不竭"。也就是说，一根长为一尺的木棒，每天截去它的一半，永远也截不完。教师通过介绍我国古代哲学家庄周，可以激发学生的民族自尊心和爱国主义情感，并使学生对数列极限知识有一个形象化的了解，为学习新知识做好准备。又如，在教学"导数的应用"时，可以通过"选址最佳""用料最省""流量最大""效率最高"等生活中的实例，让学生感受到可以用数学方

法解决现实生活、专业领域中的很多问题，使学生对数学产生浓厚的兴趣。

### （三）运用数学建模方法

数学建模就是根据实际问题来建立数学模型，对数学模型进行求解，然后根据结果去解决实际问题。例如，在讲授"定积分的应用"时，教师可以利用 PPT 展示赵州桥图片，让学生思考赵州桥的拱形的面积怎样计算。然后播放 PPT，利用 MATLAB 软件演示微元法的解题思路，引导学生通过建立直角坐标系，从赵州桥案例中抽象出数学模型。通过实物模型或图片，引导学生应用微元法解决实际问题。在整个教学环节中，要让学生展示思路和解题过程，培养学生的语言表达能力。这样既让学生掌握了微元法，又让学生体验到计算机应用技术的重要价值，体验到数学的魅力，提高其对应用数学的学习兴趣。

### （四）充分挖掘教材中的情感因素

要提高课堂教学效果，教师除了注重情感投入，积极调动学生的情感之外，还要充分利用教材，挖掘教材中的情感因素。例如，在讲"导数的运算法则"时，如果直接给出运算法则，学生很难记住，易使学生厌学、畏难心理，达不到预期的教学效果。如果结合教材内容指导学生巧用口诀"前导后不导加上后导前不导"求解题目，则学生能够很快熟记口诀，并灵活运用口诀求解相关的题目，体会到学习的快乐，获得成功感，打消畏难情绪，增强自信心。

总之，在高职院校应用数学教学中，教师要做一个有心人，时时关注学生情感的培养。要注重建立融洽和谐的师生关系，积极进行情感交流；注重知识性与趣味性相结合，激发学生学习兴趣。要通过充分调动学生的情感，让学生在主动、愉悦的体验中学习数学知识，以此提高学生对应用数学的学习积极性，促进教学效率的提升。

# 第五节　心理学在高职数学教育中的应用

在高职的各项教育学科中，高职数学是一项较为复杂和有一定难度的学科，许多学生对数学存在着恐惧心理。枯燥乏味的课本书面知识使学生昏昏欲睡，繁杂而又难以建立的数学思维让许多学生对学好数学望尘莫及。让学生对这门学科产生浓厚的兴趣并且能够独立自主地去学习，就需要教育者有一些独特的教育方法。为了解决这些问题，我们提出了心理学在高职数学教育中的应用议题。

## 一、心理学在高职数学教学中的应用

心理学在高职数学教学中的应用是非常广泛并且有效果的，时刻抓住高职学生的心理特点，针对出现的问题及时进行解决，能确保教学质量。心理学在数学学科的教学中是不可或缺的。心理学与数学学科的结合是一种新型的教学方法。两种学科的结合能使教师从情感的角度去分析数学，并且用独特的方法去传授教学内容。教育者将心理学的知识运用到数学上，分析受教育者的心理状态，让学生在受教育也就是学习数学时体会到一种愉悦，而不是一味地死记硬背。

## （一）引导性的心理，启发式的教学

启发式教学在任何教学阶段都应该放在首位。人的认知影响着人对事物的看法和想法，不论是中学生还是大学生，对学习都有一定的认知。在数学学习过程中，良好的认知会使学生产生良好的学习倾向。比如，教师在上课前可以以一则关于数学的小幽默来调动课堂的氛围，启发学生在数学课上思考。毕竟高职院校不同于小学初中的小班教学，学生精力不集中，教师可以给予批评使之纠正，高职院校是不能这样的。大学的课堂较为散漫，如果讲授的课程太过无聊，学生便会产生对此课程的不屑感，渐渐便发展成厌恶。数学是一门有着极强逻辑的学科。高职学生基本是成人，具有一定的独立学习的能力。教师只要在课堂上稍加有效的启发，就能使学生快速地进入思考学习的状态。

## （二）利用信息技术与课程整合，进行感官刺激

课程整合，不只是片面地进行多媒体授课，而是通过一定的手段、特别的教学方法、多样的教学特点来激起学生对学科的热爱。同时，在信息爆炸的时代，学生要学会通过各种途径、各种方式来了解掌握自己想要学习的知识。独立学习也是整合课程中一个很重要的目的，但是更重要的是培养高职学生对数学的兴趣。只有对数学产生兴趣，才能让学习潜能无限地爆发出来。教师制作一些动态或者有趣的课件，在上课过程中积极地调动学生的感官，让学生产生一种原来学习数学是这么有趣的思想。运用多媒体的多种信息，让学生不仅学习数学知识还要了解这门学科，从而让学生对数学产生兴趣，保持听课上课的积极性。教师也可以在教学中运用数学联系实际的事例，激发学生学习数学的动机。

## （三）采取多样化教学，激发学习动机

太过单一的教学形式以及教学方法会让学生产生一种疲惫感，比如视觉疲劳。学生从小学到大学，学习一直是作为首要的任务，可能早已对按部就班的形式化教育产生了免疫。多样化的教学已经成为教育中刻不容缓的改革事项之一。高职学生都是已经成年的青年，对于社会、学习都有自己的想法，会形成一种自我认知的心理。对于数学学习的动机已经不再是对于更广阔知识的追求，更多的是看重一些实际的应用。这就给数学教学带来了一定的困难，教师需要运用多样的教学方法，从另外一种角度来激发学生的学习动机。比如，想办法让高职学生提高自身的学习水平，去挑战、去探索难题以此作为学习的动力。当学生把解题成功当作一种心理满足时便会对数学产生较大的兴趣。

## （四）运用情景教学，满足学生的心理需求

以人为本在学校教育中也是尤为重要的，教师要始终站在学生的立场上进行换位思考。以学生为中心，将学生作为教育的出发点和落脚点。努力去满足学生的需求，要考虑全面，

了解学生想要如何去学好数学，如何对这门学科产生兴趣。站在学生的立场，去精心地编排课件，去用心构思教学方式。运用情景教学，可以让学生自己准备课件或者数学课题，上台来讲述自己的数学观点和自己良好的学习方法。使学生参与到教学中去，作为学习主体存在。只有使学生参与其中，才能激起其对高职数学的兴趣，满足其心理需求，从而克服一些学生对数学的恐惧，让他们对数学学习产生极强的自信心，体会到学习数学的乐趣。

### （五）面向全体学生营造公平化的数学课堂教育

课堂的公平性原则尤为重要，这也是一个好的教育者素质的体现。公平的教学方法、合理的教学形式，能给学生带来一个良好的课程印象。让每一名学生在数学课堂中感受到被重视，从心理上让学生接受比较复杂且枯燥的学科。其次，教师若能本着公正公平的原则对待每一位学生，会增加教师的亲和力。学生喜欢一个老师，必然会对那位教师所教的课程产生兴趣。这就是所谓的爱屋及乌的道理。不仅如此，师生之间良好的关系，可以营造一个良好的学习环境，也可以让学生的心理向着健康、积极的方向发展。在数学课程教学中，不能一味地让学生追求最终考核成绩，而是使学生真正了解到学习数学是为了提高自己的学习素养，也是对更高知识层面追求的表现。

### （六）高职数学教学中教师要尊重学生的人格

人格，包括学生的自尊、个性等。高职数学教学中，教师必须以尊重学生的人格为前提条件。教师是学生的带路人，要做到为人师表。高职学生在课堂上若有不当举动，教师不应该训斥或者是侮辱，应当用合理的方法，以教育为主。比如，要做到既能够维护学生的自尊，又能从侧面对学生的思想产生影响。特别是在课堂上回答问题，学生若答不出来，教师要表示尊重并适当给予鼓励。毕竟，高职学生的心理生理都基本成熟。教师若不以身作则，辱骂学生，会使学生自尊心受损，对数学没有了信心。那么，枯燥的数学便会被敬而远之。良好的教育环境、公平的教学形式、尊重的教学方法，让高职学生不再惧怕数学，不再讨厌数学。

## 二、高职学生数学学习心理问题形成的原因

### （一）缺少学习的兴趣和动机

高职教育主要是面向职业的教育，是对需求型社会人才的教育。高职学生为了以后在社会上能够更好地生存，在毕业前都会掌握一门专业的技能。数学这门课程相对于其他的课程本来就没有太强的应用性，因而，学生便会忽略数学的学习。另外，数学是一门较难的学科，极强的逻辑思维和繁杂的公式定理让学生苦不堪言，让学生产生宁愿学习其他简单而实用知识的心理。这就导致了学生在数学的学习上几乎完全没有兴趣的现象。

### （二）没有正确的调节方法和缺乏学习诱因

数学学习也是灵活多变的，我们常常听说举一反三这个成语，但是却极少有人能够做

到。通常死记知识不仅不会提高学生对数学的兴趣，相反，每况愈下的学习成绩给学生造成更大的打击。若学生不能正确调节自己失败的情绪，会在今后的数学学习中造成心理问题，恐惧就是之一。

### （三）家庭因素对高职学生数学的影响

如今的孩子过惯了毫无压力、毫无委屈的幸福生活，难以形成克服困难的能力，也难以树立坚定的学习意志，甚至连学习的思维能力也被限制了。在数学学习中碰到困难，不会主动去思考解决，而是一味地放弃。

另外一方面因素来自家庭的压力。贫困家庭的孩子有极强的自制力和学习能力，但是心理负担却是非常重的。家长看重的是成绩、奖学金，而不考虑孩子自身真正的学习能力，特别是对于数学学科的学习。这就很容易让学生产生对数学的抵触心理，甚至放弃对数学的学习。

### （四）高职学校对数学教学改革不彻底

学校只是看重成绩和教学效果，没有做到以学生为本，一切从学生的实际出发。部分教师没有独特创新的教学方法，也没有强烈的责任心。这很容易将数学教育带向失败的深渊。因此，学校要尽职尽责，以学生的一切利益为出发点。

## 三、解决高职学生数学学习的心理问题

### （一）适当加强学生学习数学的动机

学习数学，对于提高学生的逻辑思维能力有巨大的作用。学习数学能培养他们独自解决问题的能力，另外，也有利于提高学生自身的知识修养。教师应该全方位、多角度地让学生了解到学习数学的好处，使得学生对数学学习产生极其强烈的动机，从而学好数学。在产生学习动机的过程中，诱因又是必不可少的。教师可以让学生努力学习数学，进而参加一些校级、市级的，甚至是省级的数学竞赛，以此诱导学生去学习。

### （二）注重数学教学方式

"师者，所以传道授业解惑也。"教师若是工程师，那么学生便是一座桥。怎样建造，就要看工程师的设计。教师若能创造出一套好的学习方法，学生加以借鉴，让学习数学变得更加容易，那么感兴趣的人自然就多了。提高数学教学的艺术性。数学本身就是一门艺术，包含有哲学的思维。将数学作为一门艺术，让学生在学习中陶冶自己的情操，增加对数学学习的热情。

### （三）家庭应对子女的数学学习给予鼓励

中国家庭的孩子大多数不是过于被溺爱，就是过于被严苛对待。特别是即将步入社会的职业院校学生，他们对于学习和工作，相比之下，考虑后者多于考虑前者。因此，家长不应该再跟中学似的以过于严格的方式要求学生考个好成绩。数学难，但是并不是不可攻

克。家长应该适当给孩子一些鼓励，不给孩子在数学学习中过多压力。

人的心理复杂多变，思想迥异，但是学生在学习数学方面的心理大致是相同的。因而，将心理学应用在高职数学教学中，能够给数学教学带来巨大的改变。综上所述，学生对数学的不喜爱、对数学的恐惧都有一定的原因，或大或小都存在着外界因素的影响。当然，自身的因素也是有的。学生对数学的抵触心理以及家庭、学校因素等都会影响高职教学中的数学教学。教育者可以将心理学应用在数学教学中，高职院校可以从多方面进行教学改革，将教育与心理相结合，将学科与兴趣相结合，将学生与教师相融合……这样，才能产生良好的高职数学教育效果。

# 第六节　数学文化在高职学生素质教育中的应用

素质教育侧重对学生各方面素质以及能力的培养，能够帮助高职院校培养出适应当今社会发展的人才，促进社会的进步。在此过程中，高职院校可以利用数学文化，来增强学生的综合能力、素质，从而提升高职院校的教育水平，给学生未来的发展打下良好的基础。

## 一、数学文化在高职院校学生素质教育中的应用优势

就目前来看，数学文化在高职院校学生素质教育中应用的优势主要体现在以下几个方面：第一，培养学生的逻辑思维能力。数学作为一种文化现象，包含思想、精神、方法等各方面的内容，具有极强的逻辑性和严密性。高职院校通过向学生渗透数学文化，能够为学生创造一种逻辑性强的思维氛围，从而锻炼学生的思维能力。第二，增强学生解决问题的能力。数学文化能够丰富学生的直觉思维框架，促进学生形成高效推演问题的思维习惯，全面提升学生的思维能力水平。第三，培养学生的人文情怀。在素质教育中，数学文化包含美学、历史、人物等人文方面的内容，能够丰富学生的知识积累，提高高职学生的人文素质。

## 二、数学文化在高职院校学生素质教育中的应用

### （一）在启发学生直觉思维方面的应用

在高职素质教育中，数学文化包含数学方法、观点等方面内容及其演化发展的过程。随着数学文化知识的不断积累，数学文化会在学生的思维中逐渐构建出一种规律性、间接性、统一性的框架。在解决问题时，学生能够直接利用数学思维框架，来高效完成对问题的推演，从而形成直觉性的逻辑性思考方式，增强学生解决问题的能力。例如。在函数与极限的高数课程中，教师可以通过对函数的推演来向学生讲解函数特性、对应法则等内容。在此过程中，教师要注重引导学生的思路，帮助学生构建思维框架，从而在课程讲解中渗

透数学文化，然后再利用例题清晰学生的思路，启发学生的直觉思维，实现素质教育，因此高职院校能够借助数学文化来提升学生的综合素质能力水平。

### （二）在培养学生人文素质方面的应用

数学文化中涵盖着人文方面的内容，学生通过在高职素质教育中积累数学人文知识能够提高自身的人文素质，提升自身在精神、文化层面的高度。在素质教育中，高职教育工作者可以利用数学人文方面的知识，来创设情境，吸引学生的注意力，在促进学生人文知识积累的同时，提高新课程引入的效果。例如，在教学数列的概念时，教师可以先以讲故事的形式为学生讲述数列的发展和演变历史，引入情境，激发学生的求知欲，然后开始讲解课程内容，并在讲解过程中渗透数学文化中统一性、有序性的数学美学，进一步让学生感受到数学的内在美，培养学生的人文情怀，从而实现素质教育。因此高职教育工作者利用数学文化能够增强学生的人文素质，促进学生的全面发展。

### （三）在增强学生创新能力方面的应用

通常情况下，创新行为需要科学素质作为基础，而科学素质的核心因素就是数学文化。科学素养的培养作为素质教育的目标之一，高职院校教育工作者可以利用数学文化，来进一步优化学生的创新能力，从而满足当今社会对创新型人才的需求。在增强学生创新能力方面，教育工作者要注意在日常教学中找好切入点，随机渗透数学文化，为学生营造出一个良好的数学文化氛围，将数学文化塑造成一个有力的辅助工具，促进学生对数学知识的掌握，进一步丰富学生的知识体系。在此过程中，教师一定要注意遵循知识学习的规律，由浅入深地对学生进行数学文化的渗透，帮助学生构建扎实的数学知识基础，为学生的创新行为提供丰富的理论知识依据，增强高职院校素质教育的效果。

### （四）在锻炼学生数学思维能力方面的应用

数学文化中所包含的思想、方法、观点等具有非常强的合理性。因此数学思维中存在许多理性因素，其中涵盖系统化、理论化的逻辑思维，同时也包括各种学说、观点等抽象内容在人脑中的概念。人们通常会利用逻辑思维将学说、观点、理论等方面的知识串联起来，形成一种数学思维。在素质教育中，数学思维的培养是增强学生综合能力的重要因素，它能够增强学生解决各类实际问题的能力。在此过程中，高职教育工作者可以围绕数学文化为学生设计解题训练，利用引导启发的教学方式，锻炼学生的数学思维，提高学生解决问题的能力，比如教育工作者可以以锻炼学生的分解、组合、关联等思维方式为主，设计练习题，培养学生的数学思维能力，增强素质教育效果。

综上所述，数学文化在高职院校学生素质教育中的应用能够提升学生的综合素质水平。在高校素质教育中，借助数学文化，教育工作者可以帮助学生构建思维框架、促进学生人文知识的积累、扎实学生的数学知识基础、锻炼学生解决问题的能力，从而进一步优化学生的能力水平，促进学生未来的良性发展。

# 参考文献

[1] 刘洪一. 文化育人与技能型人才培养 [M]. 北京：商务印书馆，2014.

[2]G. 波利亚. 如何解题 [M]. 北京：科学技术出版社，2001.

[3]M. 克莱因. 古今数学思想 [M]. 上海：上海科技出版社，1988.

[4] 光峰. 高等数学简明教程 [M]. 北京：北京邮电大学出版社，2016.

[5] 王树禾. 数学思想史 [M]. 北京：国防工业出版社，2003.

[6] 李顺德. 价值大辞典"价值取向条目"[M]. 北京：中国人民大学出版社，1995.

[7] 张奠宙. 数学素质教育设计 [M]. 江苏：江苏教育出版社，1996.

[8] 杜威. 民主主义与教育 [M]. 北京：人民教育出版社，1990.

[9] 教育部. 普通高中数学课程标准 [M]. 北京：人民教育出版社，2018.

[10] 肖静波. 高职高等数学教学方法的思考与应用 [J]. 技术与教育，2014，18（02）：123-124.

[11] 霍文奇，李霞，朱长风. 行动者网络理论视角下高校"双一流"建设的外部支撑研究 [J]. 教育与教学研究，2018，32（05）：23-28.

[12] 常晶，刘羽，刘丽环. 数学史在高等数学课堂教学中的作用和意义 [J]. 传播力研究，2018，2（24）：178-179.

[13] 孟梦，李铁安."问题化"：数学"史学形态"转化为"教育形态"的实践路径 [J]. 数学教育学报，2018，27（3）：72-75.

[14] 王海青. 数学史视角下"数系的扩充和复数的概念"的教学思考 [J]. 数学通报，2017，56（4）：15-19.

[15] 江楠，吴立宝. 积累数学基本活动经验的"五步"教学模式 [J]. 内江师范学院学报，2018，33（6）：40-45.

[16] 王富英，吴立宝，黄祥勇. 数学定理发现学习的类型分析 [J]. 数学通报，2018，57（10）：14-17.

[17] 赵飞. 新时代创新研究生思想政治教育工作的思考 [J]. 吉林化工学院学报，2018，35（8）：1-3.

[18] 赵婵娟，李海涛. 新媒体背景下高校思政课"课内外一体化"体验式教学模式的构建 [J]. 吉林化工学院学报，2018，35（8）：45-49.

[19] 杨伟传. 浅谈如何发挥高职高等数学的教育功能 [J]. 才智，2014，123（13）：240-

241.

[20] 苏鸿雁.高等数学教育中的分层次教学：以高等数学课堂的实践教学为例 [J]. 曲阜师范大学学报（自然科学版），2015，1（1）：62-65.

[21] 李小娥.高等数学教育创新模式的实践与探索 [J]. 天津商务职业学院学报，2014，2（4）：47-49.

[22] 岳欣云，董宏建.数学教育"生活化"还是"数学化"：基于数学教育哲学的思考 [J]. 教育学报，2017，13（3）：41-47.

[23] 史宁中，林玉慈，陶剑，等.关于数学教育中的数学核心素养：史宁中教授访谈之七 [J]. 课程·教材·教法，2017，37（4）：8-14.

[24] 黄瑾.优化学前数学教育的思考:幼儿教师数学学科教学知识（PM-PCK）评估 [J]. 全球教育展望，2013，42（7）：73-77，128.

[25] 张维忠，孙庆括.我国数学文化与数学教育研究 30 年的回顾与反思 [J]. 当代教育与文化，2011，3（6）：41-48.

[26] 苏傲雪，孙晓天，安洋洋.近 30 年我国少数民族数学教育研究的现状与展望：基于对文献梳理的分析与思考 [J]. 民族教育研究，2015，26（2）：68-74.

[27] 蒲和平，黄廷祝，千泰彬，等.高等数学课程教学中探究式教学的研究与实践 [J]. 大学数学，2013，29（3）：147-150.